"十二五"国家计算机技能型紧缺人才培养培训教材

教育部职业教育与成人教育司
全国职业教育与成人教育教学用书行业规划教材

新编中文版

Premiere Pro CC 标准教程

U0202149

编著／尹小港　高继勋

光盘内容
18个综合范例的视频文件、范例源文件和效果文件

海洋出版社

内 容 简 介

  本书是专为想在较短时间内学习并掌握非线性编辑软件 Premiere Pro CC 的使用方法和技巧而编写的标准教程。本书语言平实，内容丰富、专业，并采用了由浅入深、图文并茂的叙述方式，从最基本的技能和知识点开始，辅以大量的上机实例作为导引，帮助读者轻松掌握中文版 Premiere Pro CC 的基本知识与操作技能，并做到活学活用。

  本书内容：全书共分为 14 章，主要介绍了影视编辑的基础知识；Premiere Pro CC 的菜单命令与首选项设置；影视项目编辑工作流程；素材的管理与编辑；关键帧动画的编辑；视频过渡效果；视频效果应用；音频编辑；字幕编辑和影片的输出设置等知识。最后通过范例商业宣传片头—花卉博览会、语文古诗课件—赋得古原草送别、电视栏目片头—书法课堂、纪录片片头—南极动物，综合介绍了使用 Premiere Pro CC 编辑影视作品的方法。

  本书特点：1. 基础知识讲解与范例操作紧密结合贯穿全书，边讲解边操练，学习轻松，上手容易；2. 提供重点实例设计思路，激发读者动手欲望，注重学生动手能力和实际应用能力的培养；3. 实例典型、任务明确，由浅入深、循序渐进、系统全面，为职业院校和培训班量身打造。4. 每章后都配有练习题，利于巩固所学知识和创新。5.书中全部实例均收录于光盘中，采用视频讲解的方式，一目了然，学习更轻松！

  适用范围：适用于职业院校影视动画非线性编辑专业课教材；社会培训机构影视动画非线性编辑课培训教材；用 Premiere 从事影片非线性编辑的从业人员实用的自学指导书。

图书在版编目(CIP)数据

新编中文版 Premiere Pro CC 标准教程/ 尹小港，高继勋编著. -- 北京：海洋出版社，2013.12
ISBN 978-7-5027-8714-1

Ⅰ．①新… Ⅱ．①尹… ②高… Ⅲ．①视频编辑软件—教材 Ⅳ.①TN94

中国版本图书馆 CIP 数据核字(2013)第 257911 号

总 策 划：刘斌	发 行 部：(010) 62174379（传真）(010) 62132549
责任编辑：刘斌	(010) 62100075（邮购）(010) 62173651
责任校对：肖新民	网　　址：http://www.oceanpress.com.cn/
责任印制：赵麟苏	承　　印：北京画中画印刷有限公司
排　　版：海洋计算机图书输出中心　晓阳	版　　次：2017 年 7 月第 1 版第 2 次印刷
出版发行：海洋出版社	开　　本：787mm×1092mm　1/16
地　　址：北京市海淀区大慧寺路 8 号（707 房间）	印　　张：14.5
100081	字　　数：348 千字
经　　销：新华书店	定　　价：32.00 元 （1DVD）
技术支持：010-62100055	

前　言

　　Premiere 是 Adobe 公司开发的一款功能强大的非线性视频编辑软件，因其在非线性影视编辑领域中出色的专业性能，被广泛地应用在视频内容编辑和影视特效制作领域。

　　本书用简洁易懂的语言，丰富实用的范例，带领读者从了解非线性编辑与专业影视编辑合成的基础知识入手，循序渐进地学习并掌握使用 Premiere Pro CC 进行视频影片编辑的完整工作流程，以及各种编辑工具、视频切换、视频特效、字幕编辑、音频编辑等专业视频编辑特色功能的应用知识；在每个部分的软件功能学习后，还安排了典型的操作实例，对该部分的编辑功能进行练习，使读者逐步掌握影视后期特效编辑的全部工作技能。

　　本书内容包括 14 章，内容结构如下：

　　第 1 章主要介绍影视编辑的相关基础知识，了解 Premiere Pro CC 的新功能并熟悉 Premiere Pro CC 的启动设置和工作界面中各主要组成部分的功能。

　　第 2 章主要介绍 Premiere Pro CC 的菜单命令中各命令的功能，熟悉常用菜单命令的使用方法，并详细介绍首选项设置中各选项的用途与设置方法。

　　第 3 章主要介绍影视项目编辑工作流程中各个环节的主要内容，并通过一个典型的影视编辑实例，带领读者快速体验使用 Premiere Pro CC 进行影视项目编辑的完整实践流程。

　　第 4 章主要介绍在 Premiere Pro CC 中导入媒体素材、对素材进行管理、设置与编辑的方法等基本编辑技能。

　　第 5 章主要介绍在 Premiere Pro CC 中进行关键帧动画的创建与设置的方法，并通过典型的实例，对位移动画、缩放动画、旋转动画、不透明度动画的编辑技能进行练习。

　　第 6 章主要介绍在 Premiere Pro CC 中进行视频过渡效果的添加和设置方法，并详细介绍所有视频过渡特效的功能和应用效果。

　　第 7 章主要介绍在 Premiere Pro CC 中进行视频效果的添加和设置方法，并详细介绍了所有视频效果的功能和应用效果。

　　第 8 章主要介绍音频内容的编辑方法，以及应用各种音频过渡效果、音频特效的操作方法。

　　第 9 章主要介绍在 Premiere Pro CC 中进行字幕内容的创建、设置与编辑的操作方法。

　　第 10 章主要介绍对影片项目进行输出的设置方法和操作流程。

　　第 11 章～第 14 章通过典型的影视编辑项目，包括多媒体教学课件、活动宣传片头、电视栏目片头、主题纪录片片头等实例，介绍在 Premiere Pro CC 中综合应用多种编辑功能，进行常见影视编辑项目、商业影片项目的编辑制作的方法。

　　在本书的配套光盘中提供了本书实例的源文件、素材和输出文件，以及包含全书所有实例的多媒体教学视频，方便读者在学习中参考。

　　本书适合作为对视频编辑感兴趣的初、中级读者的自学参考图书，也适合各大中专院校相关专业作为教学教材。

　　本书由尹小港、高继勋编写，其中高继勋编写了第 1~5 章，尹小港编写了第 6~14 章，全书由尹小港统稿。参与本书编写与整理的设计人员还有李杰、易伟、丁楠娟、周珂令、张瑞娟、张现伟、段海朋、杨昆、李永明、何玉凤、时盈盈、许苗苗、李海燕、周玉琼、唐林、杨贤华、银霞、陈春雨、张玲、喻晓等。对于本书中的疏漏之处，敬请读者批评指正。

编　者

目　录

第 1 章　影视编辑基础知识

学习要点

➢ 了解影视编辑的相关概念与基础知识
➢ 了解 Premiere Pro CC 的功能特点与安装要求
➢ 熟悉 Premiere Pro CC 欢迎屏幕中的操作选项
➢ 了解并掌握 Premiere Pro CC 工作界面的设置与管理

1.1　非线性编辑与 Premiere Pro CC

影视内容编辑技术伴随着影视工业的发展不断地革新,技术越来越完善,功能效果的实现、编辑应用的操作也越来越简便。在对视频内容进行编辑的工作方式上,就经历了从线性编辑到非线性编辑的变化。

1.1.1　线性编辑

传统的线性编辑是指在摄像机、录像机、编辑机、特技机等设备上,以原始的录像带作为素材,以线性搜索的方法找到想要的视频片段,然后将所有需要的片断按照顺序录制到另一盘录像带中。在这个过程中,需要工作人员使用播放、暂停、录制等功能来完成基本的剪辑。如果在剪辑时出现失误,或者需要在已经编辑好的录像带上插入或删除视频片段,那么在插入点或删除点以后的所有视频片段都要重新移动一次,因此编辑操作很不方便,工作效率也很低。由于录像带是易受损的物理介质,在经过了反复的录制、剪辑、添加特效等操作后,画面质量也会变得越来越差。

1.1.2　非线性编辑

非线性编辑(Digital Non-Linear Editing, DNLE)是随着计算机图像处理技术发展而诞生的视频内容处理技术。它将传统的视频模拟信号数字化,以编辑文件对象的方式在电脑上进行操作。非线性编辑技术融入了计算机和多媒体两个领域的前端技术,集录像、编辑、特技、动画、字幕、同步、切换、调音、播出等多种功能于一体,克服了线性编辑的缺点,提高了视频编辑的工作效率。

相对于线性编辑的制作途径,非线性编辑可以在电脑中利用数字信息进行视频、音频编辑,只需使用鼠标和键盘就可以完成视频编辑的操作。数字视频素材的取得主要有两种方式,一种是先将录像带上的片段采集下来,即把模拟信号转换为数字信号,然后存储到硬盘中再进行编辑。现在的电影、电视中很多特技效果的制作,就是采用这种方式取得数字视频,在电脑中进行特效处理后再输出影片;另一种是用数码视频摄像机(即通常所说的 DV 摄像机)直接拍摄得到数字视频。数码摄像机通过 CCD(Charged Coupled Device, 电荷耦合器)器件,将从镜头中传来的光线转换成模拟信号,再经过模拟/数字转换器,将模拟信号转换成数字信号并传送到存储单元保存起来；在拍摄完成后，只要将摄像机中的视频文件输入到电脑中即可获得数字视频素材，然后可以在专业的非线性编辑软件中进行素材的剪辑、合成、添加特效以及输出等编辑操作，制作各种类型的视频影片。

Premiere 是 Adobe 公司开发的一款优秀的非线性视频编辑处理软件，具有强大的视频和音频内容实时编辑合成功能。它的编辑操作简便直观，同时功能丰富，因此广泛应用于家庭视频内容编辑处理、电视广告制作、片头动画编辑制作等领域，备受影视编辑从业人员和家庭用户的青睐。最新版本的 Premiere Pro CC 除了在软件功能的多个方面进行了提升外，还带来了全新的云端处理技术，为影视项目编辑的跨网络协同合作和分享作品提供了更多的方便。

图 1-1　Premiere Pro CC

1.1.3　Premiere Pro CC 的新特性

Adobe Premiere Pro CC 在 Premiere Pro CS6 的基础上进行了重要的改进，对一些编辑功能进行了完善并增加了多项功能，下面介绍 Premiere Pro CC 的新特性。

1. 全新的 Adobe Creative Cloud 同步设置

全新的 Adobe Creative Cloud 云端同步功能，允许用户将在 Premiere Pro CC 中的首选项、预设项目、资源库、键盘快捷键等处设置，利用同步设置功能上传到云端服务器的用户 Creative Cloud 账户中，然后在其他电脑上下载并直接应用。同时，Creative Cloud 云端同步功能也可以让多个用户应用同一设置，方便工作团队在不同时间、地点可以协同工作。

另外，在 Premiere Pro CC 中还加入了 Adobe Anywhere 私有云服务，可与 Adobe Creative Cloud 互补应用，可以使不同地方的工作成员使用各自 Adobe 的专业视频编辑软件（如 Premiere Pro、Prelude、After Effects 等）通过登录网络协同工作，并可以在云端服务器上生成高码率的作品文件，与其他工作伙伴实现更便捷的协作与共享。

2. 时间轴窗口的改进

Premiere Pro CC 中的时间轴窗口可以实现更多的自定义设置。可以自定义轨道面板中要显示的功能按钮选项，如图 1-2 所示。通过鼠标中间滑轮的滚动，即可快速缩放轨道的高度；允许用户对应用在一个素材剪辑上的效果进行复制，并粘贴到其他素材剪辑上，快速完成批量化的影像效果同一处理。

图 1-2　自定义轨道面板中的功能按钮

3. 改进的链接媒体功能

在项目文件中使用的媒体素材文件,在改变了存放路径或移动、更名后,在 Premiere Pro CC 中打开项目文件时就需要重新链接这些媒体文件。在以往的版本中,都是通过弹出的"打开文件"对话框来查找目标文件。在 Premiere Pro CC 中新增了一个"链接媒体"对话框,在其中罗列出所有需要重新链接的对象,并且可以设置匹配属性,利用查找功能快速定位目标位置并执行链接,如图 1-3 所示。

图 1-3 增强的链接媒体功能

4. 音频编辑功能的改进

新增的音频剪辑混合器面板,可以配合音轨混合器面板来对音频内容的编辑进行更完善的处理。音轨混合器面板主要用于对时间轴窗口的音频内容进行查看和调整处理,以及进行录制音频等操作;音频剪辑混合器面板则主要用于监视和调整音频内容,不能录制音频。如果当前处于关注状态的是时间轴窗口,那么在音轨混合器面板和音频剪辑混合器面板中,都可以对所选择的音频对象进行监视和处理;如果是在源监视器窗口查看素材剪辑的原始内容,将只有音频剪辑混合器面板可以工作,查看和调整素材剪辑本身的音频内容,如图 1-4 所示。

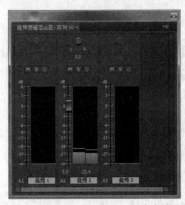 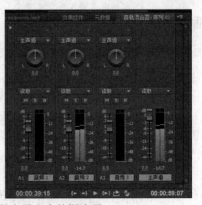

图 1-4 音频剪辑混合器和音轨混合器

5. 集成 Lumetri 色彩校正引擎

Premiere Pro CC 在效果面板中集成了 Lumetri Looks 色彩校正特效,并且为所有特效都提供了应用效果预览,可以很方便地为序列中的图像应用需要的颜色调整,快速制作具有特殊风格化的视觉影片,如图 1-5 所示。

图 1-5　Lumetri Looks 特效

1.2　影视编辑中应用的基础概念

在使用 Premiere Pro CC 进行影视内容的编辑处理时，会经常需要用到一些视频处理方面的各种概念和知识。准确理解相关概念、术语的含义，才能在后面的学习中快速理解和掌握各种视频编辑操作的实用技能。

1.2.1　帧和帧速率

在电视、电影以及网络 Flash 影片的动画中，其实都是由一系列连续的静态图像组成，这些连续的静态图像在单位时间内以一定的速度不断地快速切换显示时，由于人眼所具有的视觉残像生理特性，就会产生"看见了运动的画面"的"感觉"，这些单独的静态图像就称为帧；而这些静态图像在单位时间内切换显示的速度，就是帧速率（也称作"帧频"），单位为帧/秒（fps）。帧速率的数值决定了视频播放的平滑程度，帧速率越高，动画效果越顺畅；反之就会有阻塞、卡顿的现象。在使用 Premiere Pro CC 进行影视编辑时，也常常使用查看素材帧速率、设置合成序列的帧速率以及通过改变一段视频的帧速率的操作，得到更改素材剪辑的持续时间、加快或放慢动画播放速度的效果。

1.2.2　电视制式

最常见的视频内容就是在电视中播放的电视节目，它们都是经过视频编辑处理后得到的。由于各个国家对电视影像制定的标准不同，其制式也有一定的区别。制式的区别主要表现在帧速率、宽高比、分辨率、信号带宽等方面。传统电影的帧速率为 24fps，在英国、中国、澳大利亚、新西兰等地区的电视制式，都是采用这个扫描速率，称之为 PAL 制式；在美国、加拿大等大部分西半球国家以及日本、韩国等地区的电视视频内容，主要采用帧速率约为 30fps（实际为 29.7fps）的 NTSC 制式；在法国和东欧、中东等地区，则采用帧速率为 25fps 的 SECAM（顺序传送彩色信号与存储恢复彩色信号）制式。

除了帧速率方面的不同，图像画面中像素的高宽比也是这些视频制式的重要区别。在 Premiere Pro CC 中进行影视项目的编辑、素材的选择、影片的输出等工作时，需要注意选择符合编辑应用需求的视频制式进行操作。

1.2.3　压缩编码

视频压缩也称为视频编码。通过电脑或相关设备对胶片媒体中的模拟视频进行数字化后，得到的数据文件会非常大，为了节省空间和方便应用、处理，需要使用特定的方法对其进行压缩。

视频压缩的方式主要分为两种：有损压缩和无损压缩。无损压缩是利用数据之间的相关性，将相同或相似的数据特征归类成一类数据，以减少数据量。有损压缩则是在压缩的过程中去掉一些不易被人察觉的图像或音频信息，这样既大幅度地减小了文件尺寸，也同样能够展现视频内容。不过，有损压缩中丢失的信息是不可恢复的。丢失的数据率量与压缩比有关，压缩比越大，丢失的数据越多，解压缩后得到的影像效果越差。此外，某些有损压缩算法采用多次重复压缩的方式，这样还会引起额外的数据丢失。

有损压缩又分为帧内压缩和帧间压缩。帧内压缩也称为空间压缩（Spatial compression），在压缩一帧图像时，它仅考虑本帧的数据而不考虑相邻帧之间的冗余信息。由于帧内压缩时各个帧之间没有相互关系，所以压缩后的视频数据仍可以以帧为单位进行编辑。帧内压缩一般得不到很高的压缩率。帧间压缩也称为时间压缩（Temporal compression），是基于许多视频或动画的连续前后两帧具有很大的相关性，或者说前后两帧信息变化很小（即连续的视频其相邻帧之间具有冗余信息）这一特性，压缩相邻帧之间的冗余量就可以进一步提高压缩量，减小压缩比，对帧图像的影响非常小，所以帧间压缩一般是无损的。帧差值（Frame differencing）算法是一种典型的时间压缩法，它通过比较本帧与相邻帧之间的差异，仅记录本帧与其相邻帧的差值，这样可以大大减少数据量。

1.2.4　SMPTE 时间码

在视频编辑中，通常用时间码来识别和记录视频数据流中的每一个帧画面，从一段视频的起始帧到终止帧，其中的每一帧都有一个唯一的时间码地址。根据动画和电视工程师协会SMPTE（Society of Motion Picture and Television Engineers）使用的时间码标准，其格式是"小时：分钟：秒：帧"。

电影、录像和电视工业中使用不同帧速率，各有其对应的 SMPTE 标准。由于技术的原因，NTSC 制式实际使用的帧率是 29.97 帧/秒而不是 30 帧/秒，因此在时间码与实际播放时间之间有 0.1%的误差。为了解决这个误差问题，设计出了丢帧格式，即在播放时每分钟要丢两帧（实际上是有两帧不显示，而不是从文件中删除），这样可以保证时间码与实际播放时间的一致。与丢帧格式对应的是不丢帧格式，它会忽略时间码与实际播放帧之间的误差。

　　为了方便用户区分视频素材的制式，在对视频素材时间长度的表示上也做了区分。非丢帧格式的 PAL 制式视频，其时间码中的分隔符号为冒号，例如 0:00:30:00。而丢帧格式的 NTSC 制式视频，其时间码中的分隔符号为分号，例如 0;00;30;00。在实际编辑工作中，可以据此快速分辨出视频素材的制式以及画面比例等。

1.2.5　视频格式

使用了某种方法对视频内容进行压缩后，就需要用对应的方法对其进行解压缩来得到动画播放效果。使用的压缩方法不同，得到的视频编码格式也不同。目前视频压缩编码的方法有很多，下面介绍几种常用的视频文件格式。

- AVI 格式（Audio Video Interleave）：专门为微软 Windows 环境设计的数字式视频文件格式，这种视频格式的优点是兼容性好、调用方便、图像质量好，缺点是占用空间大。

- MPEG 格式（Motion Picture Experts Group）：该格式包括了 MPEG-1、MPEG-2、MPEG-4。MPEG-1 被广泛应用于 VCD 的制作和一些视频片段下载的网络上，使用 MPEG-1 的压缩算法可以将一部 120 分钟长的非视频文件的电影压缩到 1.2GB 左右。MPEG-2 应用在 DVD 的制作方面，同时在一些 HDTV（高清晰电视广播）和一些高要求视频编辑处理上也有一定的应用空间。MPEG-4 是一种新的压缩算法，可以将一部 120 分钟长的非视频文件的电影压缩到 300MB 左右，以供网络播放。
- QuickTime 格式（MOV）：苹果公司创立的一种视频格式，在图像质量和文件大小的处理上具有很好的平衡性，既可以得到清晰的画面，又可以控制视频文件的大小。
- FLV 格式（Flash Video）：随着 Flash 动画的发展而诞生的流媒体视频格式。FLV 视频文件体积小巧，同等画面质量的一段视频，其大小是普通视频文件体积的 1/3，甚至更小；同时以其画面清晰、加载速度快的流媒体特点，成为了网络中增长速度最快、应用范围最大的视频传播格式；目前几乎所有的视频门户网站都采用 FLV 格式视频，它也被越来越多的视频编辑软件支持导入和输出应用。

1.2.6 数字音频

数字音频是一个用来表示声音振动频率强弱的数据序列，由模拟声音经采样、量化和编码后得到。数字音频的编码方式也就是数字音频格式，不同数字音频设备一般对应不同的音频格式文件。数字音频的常见格式有 WAV、MIDI、MP3、WMA 等。

- WAV 格式：微软公司开发的一种声音文件格式，也叫波形声音文件格式，是最早的数字音频格式，Windows 平台及其应用程序都支持这种格式。这种格式支持 MSADPCM、CCITT A LAW 等多种压缩算法。标准的 WAV 格式和 CD 一样，也是 44.1kHz 的采样频率，速率为 88kbit/s，16 位量化位数，因此 WAV 的音质和 CD 差不多，也是目前广为流行的声音文件格式，几乎所有的音频编辑软件都能识别 WAV 格式。
- MP3 格式：Layer-3 是 Layer-1、Layer-2 以后的升级版产品。与其前身相比，Layer-3 具有很高的压缩率（1:10～1:12），并被命名为 MP3，具有文件小、音质好的特点。
- MIDI 格式：又称为乐器数字接口，是数字音乐电子合成乐器的国际统一标准。它定义了计算机音乐程序、数字合成器及其他电子设备交换音乐信号的方式，规定了不同厂家的电子乐器与计算机连接的电缆、硬件及设备之间进行数据传输的协议。
- WMA 格式：微软公司开发的用于因特网音频领域的一种音频格式。音质要强于 MP3 格式，以减少数据流量但保持音质的方法来达到比 MP3 压缩率更高的目的。WMA 的压缩率一般可以达到 1:18 左右，WMA 还支持音频流（Stream）技术，适合在线播放，不用像 MP3 那样需要安装额外的播放器，只要安装了 Windows 操作系统就可以直接播放 WMA 音乐。

1.3 Premiere Pro CC 的安装准备

要在电脑中顺利安装 Premiere Pro CC，需要先准备好满足 Premiere Pro CC 工作需求的硬件设备和软件系统、辅助程序等。

1.3.1　安装 Premiere Pro CC 的系统要求

Premiere Pro CC 在之前版本的基础上，实现了大量工作体验的完善与强大功能的创新。同时对电脑系统运行环境也提出了更高的要求，只有在电脑系统满足这些最低的性能需求时，才能安装 Premiere Pro CC 并更好地发挥其强大的视频编辑功能。

- 英特尔® Core™2 Duo 或 AMD Phantom® II 处理器；需要 64 位系统支持。
- 64 位的 Microsoft® Windows® 7（苹果系统为 Mac OS X v10.6.8 or v10.7）。
- 4G 内存（推荐 8G 以上）。7200 转/秒的转速或更快的硬盘。
- 4GB 以上可用硬盘空间用于安装；10G 以上用来缓存的硬盘空间。
- 支持 1280×900 及以上分辨率的显示器。
- 支持 OpenGL 2.0 的显卡。为了配合 GPU 加速的光线追踪 3D 渲染器，可以选择 Adobe 认证的显卡。
- 符合 ASIO 协议或 Microsoft Windows Driver Model 的声卡。
- 如果从 DVD 安装，则需要 DVD 光驱。如果要创建蓝光光盘，需要蓝光刻录机。
- 为了支持 QuickTime 功能，需要安装 QuickTime 7.6.6 版本以上软件。
- 在线服务需要宽带 Internet 连接。

1.3.2　处理 DV 视频的硬件准备

如果要编辑 DV 摄像机中拍摄的视频内容，就要将 DV 摄像机中的数据转移到电脑中，这个过程称为"DV 视频的采集"。电脑系统的性能要求主要体现在视频采集硬件和硬盘性能两个方面。

视频采集卡专门用于采集外部设备中的视频数据，通过硬件压缩、获取的方式，得到高质量的视频影像。现在市场上视频采集卡的价格，根据性能、品质和专业程度的不同，从 100 元左右到上万元不等，可以根据实际需要选购。如图 1-6 所示为内置视频采集卡，如图 1-7 所示为外置视频采集卡。

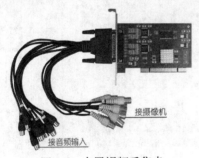

图 1-6　内置视频采集卡

图 1-7　外置视频采集卡

将视频采集卡安装到电脑主机以后，可以通过专门的数据线，将 DV 摄像机和视频采集卡上专用的 IEEE 1394 接口连接起来（也有外置的采集卡装置，不用安装，只需要连接好数据线即可使用），即可在电脑中通过相关软件采集视频内容。

现在的 DV 摄像机都提供了 USB 数据连接的接口，即使电脑上没有安装视频采集卡，也可以通过 USB 数据线连接电脑进行视频采集，只是这样获取的视频影像画面质量较低，适合在对视频内容质量要求不高的时候使用。

要得到高质量的视频内容，除了在采集卡方面有要求外，对硬盘的性能同样有严格的要求。在进行视频内容采集的时候，采集获得的数据流通常比较大，这就要求硬盘具有较高的写入速度。

目前主流的硬盘都具有 7200 转/秒的转速，能够应付大部分视频采集的工作；如果要求更高质量的视频采集，可以选用转速更高、写入速度更快的高性能硬盘。如果硬盘转速、写入速度过低，就会出现因为写入速度不及采集速度而造成丢帧的情况，得到的视频会不流畅或者画质较差。在采集视频时，为获取最好质量的视频素材，通常都采取无损压缩的方式进行采集，一段 1 分钟的视频文件会达到 1GB 甚至更高的容量。所以，如果要进行大量 DV 内容的采集、编辑等操作，配备一个大容量、高转速的硬盘是非常必要的，如图 1-8 所示。

图 1-8 大容量高转速硬盘

1.3.3 安装辅助软件和视频解码

在 Premiere Pro CC 中编辑影视内容时，需要使用大量不同格式的视频、音频素材内容。对于不同格式的视频、音频素材，首先要在电脑中安装有对应解码格式的程序文件，才能正常地播放和使用这些素材。所以，为了尽可能地保证数字视频编辑工作的顺利完成，需要安装一些相应的辅助程序及所需要的视频解码程序。

- Windows Media Player：Microsoft 公司出品的多媒体播放软件，可以播放多种格式的多媒体文件，本书实例编辑中会用到的*.avi、*.mpeg 和*.wmv 格式的文件都可以通过它来播放，如图 1-9 所示。可以在 Microsoft 的官方网站下载其最新版本。

- 视频解码集成软件：要应用各种文件格式的视频素材，就需要在系统中提前安装好播放不同格式视频文件所需

图 1-9 Windows Media Player 播放器界面

  要的视频解码器。可以选择安装集成了主流视频解码器的软件包（如 K-Lite Codec Pack，它集合了目前绝大部分的视频解码器）；在安装了需要的视频解码程序文件后，就可以在电脑中正常播放用了对应解码的视频文件了。

- QuickTime：QuickTime 是 Macintosh 公司（2007 年 1 月改名为苹果公司）在 Apple 电脑系统中应用的一种跨平台视频媒体格式，具有支持互动、高压缩比、高画质等特点。很多视频素材都采用 QuickTime 的格式进行压缩保存。在 Apple 的官方网站（http://www.apple.com）下载最新版本的 QuickTime 播放器程序进行安装即可。如图 1-10 所示为 QuickTime 界面。

- Adobe Photoshop CC：Photoshop 是一款非常出色的图像处理软件，它支持多种格式图片的编辑处理，本书中部分实例的图像素材就是先通过它进行处理后得到的。Adobe Photoshop CC 启动画面如图 1-11 所示。

图 1-10　QuickTime 播放器

图 1-11　Adobe Photoshop CC 启动画面

1.4　启动 Premiere Pro CC

在完成 Premiere Pro CC 的安装后，可以通过两种方式来启动程序：选择"开始"→"所有程序"→"Adobe Premiere Pro CC"命令，便可启动 Premiere Pro CC；如果在桌面上有 Premiere Pro CC 的快捷方式，则用鼠标双击桌面上的 Premiere Pro CC 快捷图标█，即可启动该程序。

1.4.1　欢迎屏幕中的操作

启动 Premiere Pro CC 后，将显示出欢迎界面，可以选择执行新建项目、打开项目和开启帮助的操作。如果已经在 Premiere 中打开过项目文件，则在该界面中会显示最近编辑过的影片项目文件，如图 1-12 所示。

图 1-12　欢迎屏幕

- 将设置同步到 Adobe Creative Cloud：将用户在 Premiere 中的首选项设置及其他系统设置，同步上传到用户的 Adobe ID 在 Adobe Creative Cloud 云端服务器的账户空间中，方便以后在其他电脑上以用户的 Adobe ID 登录账户后，同步下载在云端服务器的选项设置进行应用。

- 打开最近的项目：在该列表中显示最近几次在 Premiere Pro CC 中打开过的项目文件，方便用户快速选择并打开，继续之前的编辑操作。

- 打开项目：按下该按钮打开"打开项目"对话框，可以选择一个在计算机中已有的项目文件，单击"打开"按钮，将其在 Premiere Pro CC 中打开，进行查看或编辑操作，如图 1-13 所示。

- 新建项目：按下该按钮可以打开"新建项目"对话框，设置各种参数选项，创建一个新的项目文件进行视频编辑。

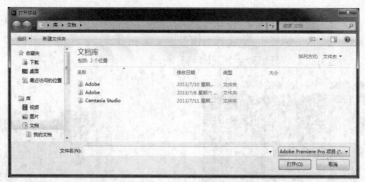

图 1-13　"打开项目"对话框

- 了解：在该列表中可以选择开启帮助系统，显示 Premiere Pro CC 的入门指南、新功能介绍、随附素材与项目资源等内容，查阅需要的软件功能介绍信息。
- 启动时显示欢迎屏幕：勾选该选项，则每次启动都显示欢迎屏幕；取消勾选，则启动后直接打开最近一次打开过的项目文件。
- 退出：单击该按钮将退出程序。

1.4.2　新建项目对话框

在欢迎界面中单击"新建项目"按钮，打开"新建项目"对话框，可以创建一个新的项目文件，如图 1-14 所示。

- 名称：为新建项目输入文件名称。
- 位置：用于设置新创建项目文件的保存位置，单击后面的"浏览"按钮，可以在打开的对话框中设置存放项目文件的目标位置。
- 常规：该选项卡中的选项用于设置新建项目文件的基本属性，包括选择执行视频渲染和播放使用的渲染器程序、视频与音频在显示时间长度与时间定位时所使用的格式、采集捕获磁带中的视频后保存为数字视频时的文件格式等选项。
- 暂存盘：该选项卡中的选项用于设置捕获与预览播放时，系统生成临时文件的暂存磁盘位置。可以分别设置视频捕获、音频捕获、视频预览、音频预览以及项目自动保存的暂存位置。单击各选项后面的"浏览"按钮，可以在打开的对话框中自行指定临时暂存文件存放位置，如图 1-15 所示。

图 1-14　"新建项目"对话框

图 1-15　"暂存盘"选项卡

在"新建项目"对话框中，通常只需要设置好项目的保存位置与文件名称即可，如果没有特别需求，其他选项保持默认即可。设置好后，单击"确定"按钮，可以创建项目文件，进入 Premiere Pro CC 的工作界面，如图 1-16 所示。

图 1-16　Premiere Pro CC 的工作界面

1.4.3　新建序列对话框

序列是指包含具体影像内容的合成，对素材的剪辑、添加特效等操作，都需要在序列中完成。在 Premiere Pro 中，可以将项目文件看作一个容器，一个项目文件中可以包含多个合成序列。一个序列可以被作为一个包含了影像内容的素材，也可以被加入到其他序列中进行编排剪辑。

在创建一个新的项目文件后，还需要新建一个合成序列，才能将导入的各种素材加入到序列的时间轴窗口中进行编排处理。执行"文件→新建→序列"命令或按"Ctrl+N"快捷键，可以打开"新建序列"对话框，如图 1-17 所示。

1. 序列预设选项卡

在该选项卡中提供了已经定义好项目设置的多种文件类型供用户选择；在"可用预设"列表中展开根据视频制式划分的文件夹，选择一个预设类型，可以在右边的"预设描述"窗格中查看到该文件类型的项目设置信息。

2. 设置选项卡

在该选项卡中显示了在"序列预设"选项卡中选择预设类型的具体参数设置，可以对各项参数进行修改，如图 1-18 所示。

● 编辑模式：用于选择合成序列的视频模式。默认情况下，该选项与"序列预设"中所选的预设类型的视频制式相同。根据选择的编辑模式不同，下面的其他选项也会显示对应的参数内容。

● 时基：时间基数，也就是帧速率，决定一秒由多少帧构成。基本的 DV、PAL、NTSC 等制式的视频都只有一个对应的帧速率，其他高清视频（如 1080P、720P）可以选择不同的帧速率。

图 1-17 "新建序列"对话框   图 1-18 "设置"选项卡

- 帧大小：以像素为单位，显示视频内容播放窗口的尺寸。
- 像素长宽比：像素在水平方向与垂直方向的长度比例。计算机图像的像素是 1:1 的正方形，而电视、电影中使用的图像像素通常是长方形的。该选项用于设置编辑视频项目的画面宽高比，可以根据编辑影片的实际应用类型选择；如果是在电脑上播放，则可以选择方形像素。
- 场：该下拉列表中包括无场、高场优先、低场优先 3 个选项。无场相当于逐行扫描，通常用于在电脑上预演或编辑高清视频；在 PAL 或 NTSL 制式的电视机上预演，则要选择高场优先或低场优先。

场的概念来自电视机的工作原理。电视机在扫描模拟信号时，在画面的第一行像素中从左边扫描到右边，然后快速另起一行继续扫描。当完成从屏幕左上角到右下角的扫描后，即得到一幅完整的图像；接下来扫描点又返回左上角向右下角进行下一帧的扫描。在扫描时，先扫描画面中的奇数行，再返回画面左上角开始扫描偶数行，称为高场优先（或上场优先）；先扫描偶数行再扫描奇数行的，称为低场优先（或下场优先）；直接从左上角向右下角扫描每一行的，称为逐行扫描。

- 显示格式：选择在项目编辑中显示时间的方式，在"编辑模式"中选择不同的视频制式，这里的时间显示格式也不同，如图 1-19、图 1-20 所示。

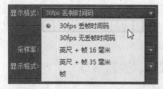

图 1-19 NTSC 视频的时间格式   图 1-20 PAL 视频的时间格式

- 采样率：设置新建影片项目的音频内容采样速率。数值越大则音质越好，系统处理时间也越长，需要相当大的存储空间。
- 显示格式：设置音频数据在时间轴窗口中时间单位的显示方式。

- 视频预览：在"编辑模式"中选择"自定义"时，可以在这里设置需要的视频预览文件格式、编解码格式、画面尺寸参数。
- 最大位深度：勾选此选项，将使用系统显卡支持的最大色彩位数渲染影像色彩，但会占用大量内存。
- 最高渲染品质：勾选此选项，将使用最高画面品质渲染影片序列，同样会占用大量内存；适合硬件配置高、性能强大的电脑使用。
- 以线性颜色合成：对于配备了高性能 GPU 的电脑，可以勾选该选项来优化影像色彩的渲染效果。

- 保存预设：在对默认选项进行了自定义修改后，可以单击该按钮，将自行设置的序列参数保存为预设文件类型，方便在以后直接选择来创建序列。

3. 轨道选项卡

用于设置新建序列包含的视频轨道数量、主音轨的声道类型、其他音轨的数量及各条音轨的声道类型，如图 1-21 所示。

图 1-21　"轨道"选项卡

1.4.4　工作界面导览

完成以上设置后，在"新建序列"对话框中单击"确定"按钮，可以进入软件的工作界面。默认情况下，新建的空白序列中没有任何内容，执行"文件→打开项目"命令，在打开的对话框中选择本书配套光盘中本章实例文件夹下准备的"示例"文件，然后单击"打开"按钮，如图 1-22 所示。打开选择的项目文件后，进入 Premiere Pro CC 的编辑工作界面，如图 1-23 所示。

图 1-22　"打开项目"对话框

图 1-23　Premiere Pro CC 的工作界面

1. 命令菜单栏

命令菜单栏位于 Premiere Pro CC 工作窗口的顶部、标题栏的下面，主菜单分为文件、编辑、剪辑、序列、标记、字幕、窗口和帮助 8 项。

- 文件：主要包括新建、打开项目、关闭、保存文件，以及采集、导入、导出、退出等项目文件操作的基本命令。
- 编辑：主要包括还原、重做、剪切、复制、粘贴、查找等文件编辑的基本操作命令，以及定制键盘快捷方式、首选项参数设置等对编辑操作的相关应用进行设置的命令。
- 剪辑：主要用于对素材剪辑进行常用的编辑操作，例如重命名、插入、覆盖、编组以及素材播放速度、持续时间的设置等。
- 序列：主要用于在时间轴窗口中对素材片段进行编辑、管理、设置轨道属性等常用操作。
- 标记：主要包括了标记入点/出点、标记素材、跳转入点/出点、清除入点/出点等针对编辑标记的命令。在没有进行时间线内容的编辑时，该菜单中的命令不可用。
- 字幕：在未开启字幕设计的编辑窗口时，字幕菜单为不可用状态；只有进行字幕设计编辑后，该菜单中的命令才可用，该菜单主要用于设置文字对象的字体、大小、位置等。
- 窗口：主要用于控制工作界面中各个窗口或面板的显示，以及切换和管理工作区的布局。
- 帮助：通过帮助菜单，用户可以打开软件的帮助系统，获得需要的帮助信息。

在打开的菜单列表中，该命令后面带有省略号的，表示执行该命令后，将会打开对应的设置对话框，可以进一步设置；在编辑过程中，按下与各命令行末尾显示的对应快捷键，即可快速执行该编辑命令，如图 1-24 示。

2. 项目窗口

项目窗口用于存放创建的序列、素材和导入的外部素材，可以对素材片段进行插入到序列、组织管理等操作，并可以切换以图标或列表形式来显示所有对象，以及预览播放素材片段、查看素材详细属性等，如图 1-25 所示。

图 1-24　命令菜单

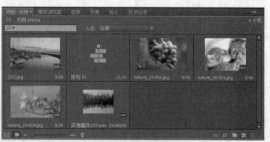

图 1-25　项目窗口

3. 源监视器窗口

源监视器窗口用于查看或播放预览素材的原始内容，以方便观察对素材进行效果编辑前后的对比变化。可以直接将项目窗口中的素材拖动到源监视器窗口中，或双击已加入到时间轴窗口中的素材，将该素材在源监视器窗口中显示，如图 1-26 所示。

4. 节目监视器窗口

通过节目监视器窗口可以对合成序列的编辑效果进行实时预览，也可以在窗口中对应用的素材进行移动、变形、缩放等操作，如图 1-27 所示。

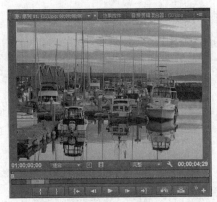
图 1-26　显示素材

图 1-27　节目监视器窗口

5. 时间轴窗口

时间轴窗口是视频编辑工作中最常用的工作窗口，用于按时间前后、上下层次来编排合成序列中的所有素材片段，以及为素材对象添加特效等操作（在新建的空白项目中，时间轴窗口中是没有内容的，需要创建合成序列后，才能显示序列中对应的内容）。它包括了时间标尺、视频轨道、音频轨道及各种功能按钮组成，如图 1-28 所示。

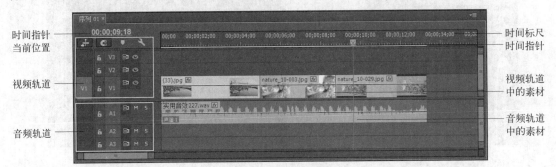
图 1-28　时间轴窗口

6. 工具面板

Premiere Pro CC 的工具面板包含了一些在进行视频编辑操作时常用的工具。

- 选择工具：用于对素材进行选择、移动，以及调节素材关键帧、为素材设置入点和出点等操作。
- 轨道选择工具：使用该工具可以选中所有轨道中在鼠标单击位置及以后的所有轨道中的素材剪辑。
- 波纹编辑工具：使用该工具可以拖动素材的出点以改变素材的长度，而相邻素材的长度不变，项目片段的总长度改变。
- 滚动编辑工具：使用该工具在需要修剪的素材边缘拖动，可以将增加到该素材的帧数从相邻的素材中减去，项目片段的总长度不发生改变。
- 比率伸缩工具：使用该工具可以对素材剪辑的播放速率进行相应的调整，以改变素材的长度。
- 剃刀工具：选择剃刀工具后，在素材上需要分割的位置单击，可以将素材分为两段。
- 外滑工具：用于改变一段素材的入点和出点，保持其总长度不变，并且不影响相邻的其他素材。

- ⊞内滑工具：使用该工具可以保持当前操作的素材剪辑的入点与出点不变，改变其在时间线窗口中的位置，同时调整相邻素材的入点和出点。
- ✐钢笔工具：用于设置素材的关键帧。
- ✋手形工具：用于改变时间轴窗口的可视区域，有助于编辑一些较长的素材。
- 🔍缩放工具：用于调整时间轴窗口显示的单位比例。按下 Alt 键，可以在放大和缩小模式间进行切换。

7. 效果面板

在效果面板中集合了预设动画特效、音频效果、音频过渡、视频效果和视频过渡类特效，以及新增的用于图像色彩调整的 Lumetri Looks 类特效命令，可以方便地为时间轴窗口中的各种素材添加特效，如图 1-29 所示。

8. 效果控件面板

效果控件面板用于设置添加到时间轴中素材剪辑上的效果选项参数。在选中图像素材剪辑时，会默认显示"运动"、"不透明度"和"时间重映射"3 个基本属性；在添加了转换特效、视频/音频特效后，会在其中显示对应的具体设置选项，如图 1-30 所示。

图 1-29　效果面板

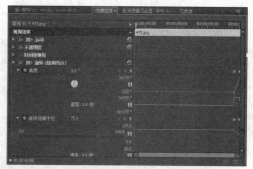

图 1-30　效果控件面板

9. 元数据面板

在元数据面板中可以查看选择的素材剪辑的详细文件信息以及嵌入到剪辑中的 Adobe Story 脚本内容，如图 1-31 所示。

10. 音轨混合器面板

音轨混合器面板用于对序列中素材剪辑的音频内容进行各项处理，实现混合多个音频、调整增益等多种针对音频的编辑操作，如图 1-32 所示。

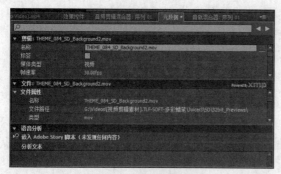

图 1-31　元数据面板

图 1-32　音轨混合器面板

11. 媒体浏览器面板

使用媒体浏览器面板可以不必打开操作系统的资源管理器,直接在 Premiere 中查看电脑磁盘中指定目录下的素材媒体文件,并可以将素材直接加入到当前编辑项目的序列中使用,如图 1-33 所示。

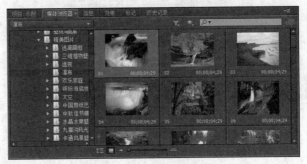

图 1-33　媒体浏览器面板

12. 信息面板

信息面板用于显示选择的素材剪辑的文件名、类型、入点与出点、持续时间等信息,以及当前序列的时间轴窗口中,时间指针的位置、各视频或音频轨道中素材的时间状态等信息,如图 1-34 所示。

13. 标记面板

标记面板用于查看在当前序列中添加的标记点所在时间位置的图像画面,并可以调整标记区域的时间范围,如图 1-35 所示。

14. 历史记录面板

历史记录面板记录了从建立项目以来进行的所有操作,如图 1-36 所示。如果执行了错误的操作,或需要恢复到多个操作步骤之前的状态,可以单击历史记录面板中的相应操作名称,返回到之前的编辑状态。

图 1-34　信息面板

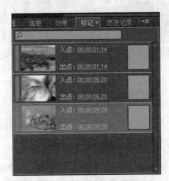

图 1-35　标记面板

图 1-36　历史记录面板

1.5　工作区的设置与管理

Premiere Pro CC 提供了多种不同功能布局的界面模式,可以根据编辑内容的不同需要,选择最方便的界面布局。同时,Premiere Pro CC 还可以根据编辑需要或使用习惯,对工作面板组进行自由的组合。

1.5.1　工作区的布局模式

Premiere Pro CC 提供了 7 种不同功能布局的界面模式。执行"窗口→工作区"命令,即可在弹出的子菜单中选择需要的工作空间布局模式,如图 1-37 所示。

● 编辑:默认的工作布局模式,显示最常用的基本功能面板。

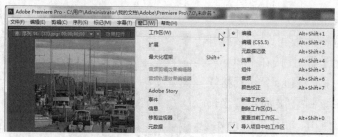

图 1-37　选择工作区模式

- 编辑（CS5.5）：Premiere Pro CS5.5 的布局模式，方便习惯使用之前版本的用户使用，如图 1-38 所示。

图 1-38　编辑（CS5.5）模式

- 元数据记录：在该界面模式中可以配合使用录像机从磁带中捕捉素材。
- 效果：特效编辑模式，在界面中显示出"效果"面板和"效果控件"面板，可以为素材添加特效并进行特效参数设置，如图 1-39 所示。

图 1-39　效果编辑模式

- 组件：如果在程序中安装了具有特殊性能处理功能的外挂组件程序，可以在此编辑模式下启用这些组件并在界面中打开其设置面板，快速实现复杂的编辑效果。
- 音频：在界面中显示出"音频剪辑混合器"面板和"音轨混合器"面板，方便对序列中的音频素材进行编辑处理，以及选择需要的音频特效进行应用。
- 颜色较正：该模式可以显示出参考监视器，在其中可以选择显示影片当前位置的色彩通道变化，并将"效果控件"面板最大化，方便对颜色校正特效进行参数设置。

1.5.2　工作区的设置

将鼠标移动到工作窗口或面板的名称标签上，然后按下鼠标左键并向需要集成到的工作窗口或面板拖动，移动到目标窗口后，该窗口会显示出 6 个部分区域，包括环绕窗口四周的 4 个区域、中心区域以及标签区域。将鼠标移动到需要停靠的区域后释放鼠标，即可将其集成到目标窗口所在面板组中，如图 1-40 所示。

图 1-40　自由组合工作面板

按住工作面板名称标签前面的▓图标并拖动，或者在拖动工作面板的过程中按"Ctrl"键，可以在释放鼠标后将其变为浮动面板，可以将其停放在软件工作界面的任意位置，如图 1-41 所示。

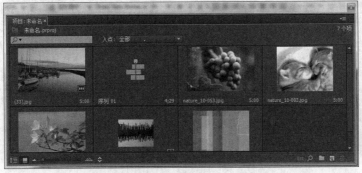

图 1-41　将工作面板拖放为浮动面板

将鼠标移动到工作面板之间的空隙上时，鼠标光标会改变为双箭头形状 (或)，此时按住鼠标并左右（或上下）拖动，即可调整相邻面板的宽度（或高度），如图 1-42 所示。

图 1-42   调整工作面板宽度

在需要将调整了面板布局的工作空间恢复到初始状态时，可以执行"窗口→工作区→重置当前工作区"命令，如图 1-43 所示。

在调整好适合自己使用习惯的工作空间布局后，可以通过执行"窗口→工作空间→新建工作区"命令，在弹出的对话框中输入工作区名称并按下"确定"按钮，将其创建为一个新的界面布局，方便在以后快速将程序界面调整为需要的布局模式，如图 1-44 所示。

图 1-43   重置工作区   图 1-44   创建新的工作空间布局

在实际的编辑操作中，按键盘上的"~"键，可以快速将当前处于关注状态的面板（面板边框为高亮的橙色）放大到铺满整个工作窗口，方便对编辑对象进行细致的操作；再次按"~"键，可以切换回之前的布局状态，如图 1-45 所示。

图 1-45   切换窗口最大化显示

1.6 习题

1. 填空题

（1）静态图像在单位时间内切换显示的速度，就是_____，单位为_____。

（2）非丢帧格式的 PAL 制式视频，其时间码中的分隔符号为_____。而丢帧格式的 NTSC 制式视频，其时间码中的分隔符号为_____。

（3）在拖动工作面板的过程中按下_____键，可以在释放鼠标后将其变为浮动面板，方便将其停放在软件工作界面的任意位置。在实际的编辑操作中，按下键盘上的_____键，可以快速将当前处于激活状态的面板放大到铺满整个工作窗口，方便对编辑对象进行细致的操作。

（4）执行"窗口→工作区→_____"命令，可以将调整了面板布局的工作空间恢复到初始状态。

2. 选择题

（1）NTSC 制式的视频，实际使用的帧率是（　　）。

　A．24fps　　　　　B．25fps　　　　　C．29.7fps　　　　　D．30fps

（2）在扫描时，先扫描画面中的奇数行，再返回画面左上角开始扫描偶数行，称为（　　）。

　A．高场优先　　　B．低场优先　　　C．逐行扫描　　　D．无场

第 2 章　菜单命令与首选项设置

学习要点

➢ 了解菜单命令中各命令的功能，熟悉常用菜单命令的使用方法
➢ 详细了解 Premiere Pro CC 的首选项设置

2.1　菜单命令

在 Premiere Pro CC 中，大部分的编辑操作都可以在各个工作窗口和功能面板中完成。菜单命令主要用于完成对象操作以外的一些必要工作，例如创建项目、设置首选项参数、设置素材剪辑的应用选项、执行影片渲染、开启需要的功能面板等。

2.1.1　文件菜单

"文件"菜单中的命令主要用于新建对象内容、执行保存、启动视频捕捉，以及渲染输出影片等操作，如图 2-1 所示。

● 新建：单击"新建"命令子菜单中的命令，可以新建相应的对象内容，如图 2-2 所示。

图 2-1　"文件"菜单

图 2-2　"新建"命令子菜单

➢ 项目：新建一个项目文件。
➢ 序列：新建一个合成序列。
➢ 来自剪辑的序列：在项目窗口中选择一个素材剪辑后，单击该命令，将会以该素材剪辑的视频属性创建一个序列，如图 2-3 所示。

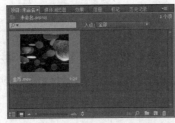

图 2-3 应用"来自剪辑的序列"命令

➤ 素材箱：在项目窗口中新建一个素材文件夹，一个素材箱中可以放置多个素材、序列或素材箱，也可以在其中执行导入素材等操作。常用于在使用大量素材的编辑项目中，对素材剪辑进行规范的分类管理，如图 2-4 所示。

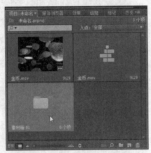

图 2-4 导入素材箱

➤ 脱机文件：新建一个脱机文件，用于代替丢失的素材或在编辑时作为序列中的临时占位素材。单击该命令，将打开"新建脱机文件"对话框，在其中可以对脱机文件的媒体属性进行设置。

➤ 调整图层：新建一个调整图层。为视频轨道中的单个剪辑对象应用特效，只能影响该剪辑。调整图层是 Premiere Pro CC 中特殊的功能图层，自身并没有图像内容，其功能相当于一个特效透镜，可以同时对位于图像范围下层的所有图像应用添加在调整图层上的所有视频效果，可以快速完成对多个轨道中所有剪辑的统一特效设置，大大提高了工作效率。

➤ 字幕：新建一个字幕剪辑。单击该命令后，在弹出的"新建字幕"对话框中设置字幕剪辑的名称，然后按下"确定"按钮，可以开启字幕设计器窗口，利用各种工具和样式制作需要的字幕效果，如图 2-5 所示。

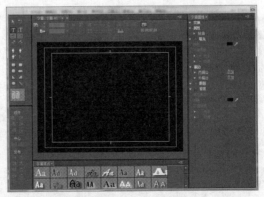

图 2-5 新建字幕剪辑

➢ Photoshop 文件：新建一个 PSD 图像文件。单击该命令后，在弹出的"新建 Photoshop 文件"对话框中设置图像文件的视频属性，然后按下"确定"按钮，在弹出的对话框中为新建的 PSD 文件设置保存目录及文件名，单击"保存"按钮，程序会自动启动 Photoshop 并打开创建的空白图像文件，即可进行需要的图像内容编辑。编辑完成后，执行保存并退出，可以在 Premiere Pro CC 的项目窗口中查看到编辑完成的 PSD 文件，如图 2-6 所示。

➢ 彩条：新建一段带音频的彩条视频图像，也就是电视机上在正式转播节目之前显示的彩虹条，多用于颜色的校对，其声音波形是持续的"嘟"的音调，如图 2-7 所示。

图 2-6　新建 Photoshop 文件

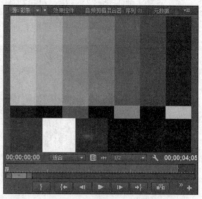

图 2-7　新建彩条视频

➢ 黑场视频：新建一段黑屏画面的视频素材，默认的时间长度与默认的静止图像持续时间相同。

➢ 隐藏字幕：新建一个隐藏字幕视频。这是 Premiere Pro CC 中的新增功能，在新建隐藏字幕视频后，将其加入到时间轴中需要隐藏字幕的视频轨道上层，然后导入外部的 Scenarist 隐藏字幕文件，将其链接到视频轨道中的隐藏字幕视频上，实现对下层视频中字幕图像的隐藏。

➢ 颜色遮罩：颜色遮罩相当于一个单一颜色的图像素材，可以作为背景色彩图像，或通过为其设置不透明度参数及图像混合模式，对下层视频轨道中的图像应用色彩调整效果，如图 2-8 所示。

➢ HD 彩条：新建一个高清彩条视频，画面效果与彩条视频略有不同，用于高清视频标准的影视项目，如图 2-9 所示。

图 2-8　新建颜色遮罩

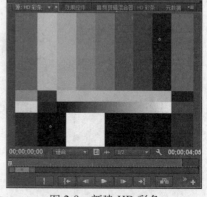

图 2-9　新建 HD 彩条

> 通用倒计时片头：新建一个倒计时的视频素材，常用于影片的开头。
> 透明视频：新建一个不包含音频的透明画面的视频，相当于一个透明的图像文件，可以用于时间占位或为其添加视频效果，生成具有透明背景的图像内容，或者编辑需要的动画效果。

● 打开项目：单击该命令后，在打开的"打开项目"对话框中，选择需要的项目文件并将其打开。

● 打开最近使用的内容：该命令为级联菜单，在其子菜单中显示了最近打开过的几个项目文件，方便用户快速打开近期使用过的项目文件，继续之前的编辑工作。

● 在 Adobe Bridge 中浏览：打开 Adobe Bridge 窗口，在其中可以对电脑上的各种媒体素材进行浏览，并可以显示所选媒体文件的详细信息，如图 2-10 所示。

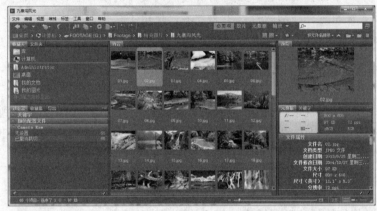

图 2-10　Adobe Bridge 窗口

● 关闭项目：关闭当前的工作项目。如果在关闭项目前没有对项目文件进行保存，程序将打开 Adobe Premiere Pro 提示对话框，提醒用户是否对项目文件进行保存，如图 2-11 所示。

● 关闭：关闭当期处于关注状态的窗口或工作面板（边框为高亮的橙色），不会关闭项目。

● 另存为：单击该命令将弹出"保存项目"对话框，可以将当前编辑的项目文件重新命名保存或另存到其他文件夹中。

● 保存副本：在不改变当前打开项目的工作状态下，为当前编辑的项目保存一个备份文件。

● 还原：取消对当前项目做的修改并还原到最近一次保存时的状态。单击该命令将弹出提示框，提醒用户是否放弃已经完成的编辑修改，如图 2-12 所示。

图 2-11　Adobe Premiere Pro 提示对话框

图 2-12　"还原"提示框

● 同步设置：用于执行当前程序设置在用户的云端服务器账户中对应的同步功能。

● 捕捉：单击该命令将打开"捕捉"窗口，利用安装到电脑主机上的视频采集设备捕捉视频素材。

- 批量捕捉：自动通过指定的模拟视频设备或 DV 设备捕捉视频素材，进行多段视频剪辑的采集。
- 从媒体浏览器导入：打开媒体浏览器面板并选择需要导入的素材文件后，单击该命令可以将其导入到项目窗口中。
- 导入：单击该命令将打开"导入"对话框，在该对话框中可以为当前项目导入所需的各种素材文件。

只有在 Premiere Pro CC 中通过新建命令创建的素材剪辑，才是集成在项目文件中的，通过导入命令添加到项目窗口中的素材，只是在项目文件与外部素材文件之间建立了一个链接关系，并不是将其复制到编辑的项目中；如果该素材文件在原路径位置被删除、移动或修改了文件名，使用了该素材的项目就不能再正确显示该素材的应用内容，需要重新链接该文件来进行更新。

- 导入批处理列表：单击该命令可以在打开的"导入批处理列表"对话框中，选择需要的批处理列表文件（*.csv）进行导入，然后在打开的"批处理列表设置"对话框中对导入项目的视频属性进行设置，将批处理文件中定义的链接媒体，导入到项目窗口中。
- 导入最近使用的文件：在其子菜单中显示了最近几次导入过的素材，方便用户快速选择并导入使用。
- 导出：单击该命令菜单中对应的命令，可以将编辑完成的项目，输出为指定的文件内容，如图 2-13 所示。

图 2-13　"导出"命令子菜单

  - 媒体：将编辑好的项目输出为指定格式的媒体文件，包括图像、音频、视频等。
  - 批处理列表：将项目中的一个或多个素材剪辑添加到批处理列表中，导出生成批处理列表文件，方便在编辑其他项目时快速导入使用同样的素材文件。
  - 字幕：在项目窗口中选择创建的字幕剪辑，将其输出为字幕文件（*.prtl），可以在编辑其他项目时导入使用。
  - 磁带：将项目文件直接渲染输出到磁带。需要先连接相应的 DV/HDV 等外部设备。
  - EDL：将项目文件中的视频、音频输出为编辑菜单。
  - OMF：输出带有音频的 OMF 格式文件。
  - AAF：输出 AAF 格式文件。AAF 比 EDL 包含更多的编辑数据，方便进行跨平台的编辑。
  - Final Cut Pro XML：输出为 Apple Final Cut Pro（苹果电脑系统中的一款影视编辑软件）中可读取的 XML 格式。
- 获取属性：用于查看所选对象的原始文件属性，包括文件名、文件类型、大小、存放路径、图像属性等信息。
- 在 Adobe Bridge 中显示：在项目窗口中选择从外部导入的素材剪辑后，单击该命令可以启动 Adobe Bridge 并显示出该文件所在目录位置，查看相关文件属性。
- 项目设置：单击该命令子菜单中的"常规"、"暂存盘"命令，可以打开"项目设置"对话框并显示出对应的选项卡，用于在编辑过程中根据需要修改项目设置。

- 项目管理：执行该命令可以打开"项目管理器"对话框，对当前项目中包含序列的相关属性进行设置，并可以选择指定的序列生成新的项目文件，另存到其他文件目录位置。
- 退出：退出 Premiere Pro CC 编辑程序。

2.1.2 编辑菜单

"编辑"菜单中的命令主要用于对素材对象执行剪切、复制、粘贴，撤消或重做、设置首选项参数等操作，如图 2-14 所示。

- 撤消：撤消上一步操作，返回上一步时的编辑状态。可撤消的次数是无限的，取决于电脑的内存可以存储的操作步骤数量。
- 重做：重复执行上一步操作。
- 剪切/复制/粘贴：用于为对象执行剪切、复制、粘贴等操作。
- 粘贴插入：将执行了剪切或复制的对象粘贴到指定区域。
- 粘贴属性：单击该命令将原素材的效果、透明度设置、运动设置及转场效果等属性，传递复制给另一个素材，可以快速在不同剪辑上应用统一效果。
- 清除：清除所选的内容。

图 2-14 "编辑"菜单

- 波纹删除：在时间轴窗口中，选择同一轨道中两个素材剪辑之间的空白区域，单击该命令可以删除该空白区域，使后一个素材向前移动，与前一个素材首尾相连，如图 2-15 所示。对于锁定的轨道无效。

图 2-15 执行波纹删除

- 重复：对项目窗口中所选对象进行复制，生成副本，如图 2-16 所示。

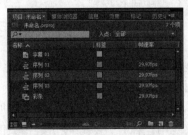 

图 2-16 复制出副本

- 全选/取消全选：对项目窗口或时间轴窗口中的对象，执行全选或取消全选。
- 查找：执行该命令将打开"查找"对话框，如图 2-17 所示。在其中可以设置相关选项，或输入需要查找对象的相关信息，在项目窗口中进行搜索。
- 查找脸部：按文件名或字符串进行快速查找。

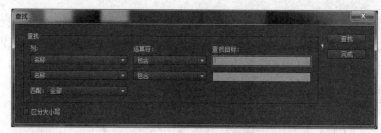

图 2-17　"查找"对话框

- 标签：在项目窗口中的对象，按剪辑类型的不同，预设了对应的标签颜色，方便用户区分剪辑的类型。选择一个或多个剪辑对象后，可以通过该命令的子菜单，自定义所选对象的标签颜色。
- 移除未使用资源：单击该命令可以将项目窗口中没有被使用过的素材剪辑删除，方便整理项目内容。
- 编辑原始：在项目窗口中选中一个从外部导入的媒体素材后，执行该命令，可以启动系统中与该类型文件相关联的默认程序进行浏览或编辑。
- 在 Adobe Audition 中编辑：在项目窗口中选中一个音频剪辑或包含音频内容的序列时，单击对应的命令可以启动 Adobe Audition 程序，对音频内容进行编辑处理，在保存后应用到 Premiere Pro 中。
- 在 Adobe Photoshop 中编辑：在项目窗口中选中一个图像素材时，单击该命令可以打开 Adobe Photoshop 程序，对其进行编辑修改，在保存后应用到 Premiere Pro CC 中。
- 快捷键：单击该命令可以在打开的"键盘快捷键"对话框中，分别为应用程序、窗口面板和工具等进行键盘快捷键设置。
- 首选项：单击其子菜单中的命令，可以打开"首选项"对话框并显示对应的选项，对程序工作运行中的属性选项进行设置。

2.1.3　剪辑菜单

"剪辑"菜单中的命令主要用于对素材剪辑进行常用的编辑操作。例如，重命名、插入、覆盖、编组、修改素材的速度/持续时间等设置，如图 2-18 所示。

- 重命名：对项目窗口中或时间轴窗口的轨道中选择的素材剪辑进行重命名，但不会影响素材原本的文件名称，只是方便在操作管理中进行识别。
- 制作子剪辑：子剪辑可以看作在时间范围上小于或等于原剪辑的副本，主要用于提取视频、音频等素材剪辑中需要的片段。
- 编辑子剪辑：选择项目窗口中的子剪辑对象，单击此命令打开"编辑子剪辑"对话框，可以对子剪辑进行修改入点、出点的时间位置等操作。
- 编辑脱机：选择项目窗口中的脱机素材，单击此命令可以打开"编辑脱机文件"对话框，对脱机素材的相关进行注释，方便其他用户在打开项目时了解相关信息。
- 源设置：在项目窗口中选择一个从外部程序（如 Photoshop、After Effects 等）中创建的素材剪辑，单击此命令可以打开对应的导入选项设置窗口，对该素材在 Premiere Pro CC 中的应用属性进行查看或调整，如图 2-19 所示为 PSD 格式素材的源设置。
- 修改：在该命令子菜单中，可以选择对源素材的视频参数、音频声道、时间码等属性进行修改。

● 视频选项：单击此命令子菜单中的命令，可以对所选择的视频素材执行对应的选项设置，如图 2-20 所示。

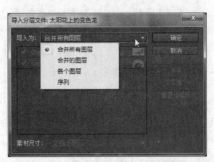

图 2-19　Photoshop 图像文件源设置

图 2-18　"剪辑"菜单　　　　　　　　　　　图 2-20　"视频选项"子菜单

➢ 帧定格：选择时间轴视频轨道中的视频剪辑，单击此命令打开"帧定格选项"对话框，如图 2-21 所示。勾选"定格位置"选项，然后在后面的下拉列表中可以选择定格视频画面的时间位置。勾选"定格滤镜"选项，则在视频剪辑上应用的视频效果动画特效也会定格，定格后的视频剪辑将在其整个区间范围内都只显示定格画面，素材剪辑中的音频不受影响。

➢ 场选项：单击此命令打开"场选项"对话框，如图 2-22 所示。勾选"交换场序"选项，会替换视频素材中原本的场序，对于逐行扫描的视频无影响；在"处理选项"中选择对应的选项，可以对视频画面的隔行扫描进行对应的优化。

图 2-21　"帧定格选项"对话框　　　　　　　图 2-22　"场选项"对话框

➢ 帧混合：单击该命令后可以开启视频素材在加入到序列中播放时的帧混合效果，使视频画面变得平滑流畅。

➢ 缩放为帧大小：选择该命令后，在将视频素材加入到画面尺寸不一致的序列中时，可以依据序列画面的尺寸缩放视频素材的画面尺寸，调整到宽度或高度对齐，使视频画面完整地显示在序列的画面中。

- 音频选项：单击此命令子菜单中的命令，可以对所选音频素材或包含音频的视频素材执行对应的选项设置，如图 2-23 所示。

  ➢ 音频增益：在打开的"音频增益"对话框中，对所选素材的音量进行调整，如图 2-24 所示。选择"将增益设置为"选项并输入数值，可以将素材的音量指定为一个固定值；选择"调整增益值"选项并输入数值，可以提高（正值）或降低（负值）素材的音量；选择"标准化最大峰值为"选项并输入数值，可以为素材中音频频谱的最大峰值设定音量；选择"标准化所有峰值为"选项并输入数值，可以为素材中音频频谱的所有峰值设定音量。

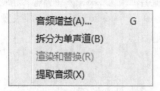

图 2-23　"音频选项"子菜单　　　　图 2-24　"音频增益"对话框

  ➢ 拆分为单声道：将所选立体声音频素材或视频中的立体声音频内容进行拆分，生成两个单声道音频素材，如图 2-25 所示。

图 2-25　拆分立体声为单声道

  ➢ 渲染和替换：选择时间轴中的音频或包含音频的视频剪辑，单击此命令将以剪辑对象当前的时间区间为范围，渲染音频内容并生成新的独立音频素材，同时用新的音频替换轨道中原来的音频内容，如图 2-26 所示。

图 2-26　渲染和替换音频

  ➢ 提取音频：选择项目窗口中的音频或包含音频的视频剪辑，单击此命令将提取其完整的音频内容并生成新的独立音频素材，相当于创建音频副本。

执行拆分、渲染、提取等操作生成的音频文件，将自动保存在与当前项目文件相同的文件目录中。

- 分析内容：选择项目窗口中的音频或包含音频的视频剪辑，单击此命令，在打开的"分析内容"对话框中设置分析选项，然后单击"确定"按钮，将启动 Adobe Media Encoder CC，应用设置的选项对所选素材中的人声语音进行分析并生成文本，方便作为影片字幕的参考。

- 速度/持续时间：在项目窗口或时间轴窗口中选择需要修改播放速度或持续时间的素材后，单击此命令，在打开的"剪辑速度/持续时间"对话框中，可以通过输入百分比数值或调整持续时间数值，修改所选对象的素材默认持续时间或在时间轴轨道中的持续时间。

- 移除效果：在时间轴窗口的轨道中选择应用了视频效果或音频效果的素材剪辑后，单击此命令可以在弹出的"移除效果"对话框中勾选需要移除的效果类型，然后单击"确定"按钮，即可将在该素材剪辑上对应的效果清除，或移除关键帧动画并重置位置运动、不透明度、音量大小的默认参数，如图 2-27 所示。

- 捕捉设置：该命令包含"捕捉设置"和"清除捕捉设置"两个子命令。单击"捕捉设置"命令，将打开"捕捉"窗口并展开"设置"选项卡，对进行视频捕捉的相关选项参数进行设置，如图 2-28 所示。

图 2-27　"移除效果"对话框

图 2-28　"捕捉"窗口

- 插入：将项目窗口中选择的素材插入到时间轴窗口当前工作轨道中时间指针停靠的位置。如果时间指针当前位置有素材剪辑，则将该剪辑分割开并将素材插入其中，轨道中的内容增加相应长度，如图 2-29 所示。

图 2-29　插入素材

- 覆盖：将项目窗口中选择的素材，添加到时间轴窗口当前工作轨道中时间指针停靠的位置。如果时间指针当前位置有素材剪辑，则覆盖该剪辑的相应长度，轨道中的内容长度不变，如图 2-30 所示。

图 2-30　覆盖素材

- 链接媒体：在项目中有处于脱机状态的素材剪辑时，单击此命令，在打开的"链接媒体"对话框中可以查看到所有处于脱机状态的素材。在对话框下面可以勾选要进行查找的文件匹配属性，然后单击"查找"按钮，可以打开"查找文件"对话框并展开所选素材条目的原始路径，查找该素材文件；在找到需要链接的素材文件后，选择该文件并单击"确定"按钮，即可将其重新链接，恢复该素材在影片项目中的正常显示。

- 造成脱机：选择项目窗口中需要造成脱机的素材，单击此命令，在弹出的"设为脱机"对话框中选择对应的选项，将所选素材设为脱机。

  ➤ 在磁盘上保留媒体文件：断开当前项目中的素材与磁盘上该文件的链接关系，在磁盘上的原文件不受影响。

  ➤ 媒体文件已删除：选择该选项，单击"确定"按钮，在弹出的询问对话框中单击"确定"按钮，将会删除磁盘上的原文件，在其他使用了该文件的项目中对应的剪辑也将变成脱机状态。

- 替换素材：选择项目窗口中要被替换的素材 A，单击此命令，在弹出的"替换素材"对话框中选择用以替换该素材的文件 B，按下"选择"按钮，即可完成素材的替换；勾选"重命名剪辑为文件名"选项，则在替换后将以文件 B 的文件名在项目窗口中显示；替换素材后，项目中各序列所有使用了原素材 A 的剪辑也将同步更新为新的素材 B。

- 替换为剪辑：在时间轴窗口的轨道中选择需要被替换的素材剪辑，可以在此命令的子菜单中选择需要的命令，执行对应的替换操作。

- 自动匹配序列：在项目窗口中选择要加入到序列中的一个或多个素材、素材箱，单击此命令，在打开的"序列自动化"对话框中设置需要的选项，可以将所选对象全部加入到当前打开的工作序列中所选轨道对应的位置。

- 启用：用于切换时间轴窗口中所选择素材剪辑的激活状态。处于未启用状态的素材剪辑将不会在影片序列中显示出来，在节目监视器窗口中变为透明，显示出下层轨道中的图像。

- 取消链接/链接：此命令用于为时间轴窗口中处于不同轨道中的多个素材对象建立或取消链接关系（每个轨道中只能选择一个素材剪辑）；处于链接状态的素材，可以在时间轴窗口中被整体移动或删除；为其中一个添加效果或调整持续时间，将同时影响其他链接在一起的素材，但仍可以通过效果控件面板单独设置其中某个素材的基本属性（位置、缩放、旋转、不透明度等）。

- 编组：编组关系与链接关系相似，编组后也可以被同时应用添加的效果或被整体移动、删除等，如图 2-31 所示。两者的区别在于，编组对象不受数量和轨道位置的限制，处于编组中的素材不能单独修改其基本属性，但可以单独调整其中一个素材的持续时间。

图 2-31　编组素材剪辑

- 取消编组：单击该命令可以取消所选编组的组合状态。与取消链接一样，在取消编组后，在编组状态时为组合对象应用的效果动画，也将继续保留在各个素材剪辑上。与取消链接不同，取消编组不能断开视频素材与其音频内容的同步关系。

- 同步：在时间轴窗口的不同轨道中分别选择一个素材剪辑后，单击此命令可以在打开的"同步剪辑"对话框中选择需要的选项，将这些素材剪辑以指定方式快速调整到同步对齐。

- 合并剪辑：在时间轴窗口中选择一个视频轨中的图像素材和一个音频轨道中的音频素材后，单击此命令，在弹出的"合并剪辑"对话框中为合并生成的新剪辑命名，并设置好两个素材的持续时间为同步对齐方式，单击"确定"按钮，即可在项目窗口中生成新的素材剪辑。

- 嵌套：在时间轴窗口中选择建立嵌套序列的一个或多个素材剪辑，单击此命令，在弹出的"嵌套序列名称"对话框中为新建的嵌套序列命名，然后单击"确定"按钮，即可将所选的素材合并为一个嵌套序列，如图 2-32 所示。生成的嵌套序列将作为一个剪辑对象添加在项目窗口中，同时在原位置替换之前所选择的素材；在项目窗口或时间轴窗口中双击该嵌套序列，打开其时间轴窗口，可以查看或编辑其中的素材剪辑，如图 2-33 所示。

图 2-32　"嵌套序列名称"对话框

图 2-33　查看嵌套序列内容

- 创建多机位源序列：在导入了使用多机位摄像机拍摄的视频素材时，可以在项目窗口中同时选择这些素材，创建一个多机位源序列，在其中可以方便地对各个素材剪辑进行剪切的操作。

所谓多机位拍摄，就是指多台摄像机在不同角度同时拍摄同一目标对象或场景，各台摄像机拍摄得到的视频画面虽然角度不同，但具有相同的音频；利用这个特点，可以在将这些素材的音频内容设置为同步的状态下，对各个视频轨道中的内容进行剪切，在完整地播放时仍然保持连贯流畅的影音效果。常用于电影、电视作品处理，尤其是快节奏的 MTV 视频制作，可以拍摄不同场景的歌唱表演，只要保持背景音乐内容统一，就可以实现音频同步，创建多机位序列来剪切影片。

- 多机位：在该命令的子菜单中选择"启用"命令后，可以启用多机位选择命令选项。在时间轴窗口中选择多机位源序列对象后，在此选择需要在该对象中显示的机位角度。选择"拼合"命令，则将时间轴窗口中所选的多机位源序列对象转换成一般素材剪辑，并只显示当前的机位角度。

2.1.4 序列菜单

"序列"菜单中的命令主要用于对项目中的序列进行编辑、管理、渲染片段、增删轨道、修改序列内容等操作，如图 2-34 所示。

- 序列设置：打开"序列设置"对话框，查看当前工作序列的选项参数设置。
- 渲染入点到出点的效果：只渲染当前工作时间轴窗口中序列的入点到出点范围内添加的所有视频效果，包括视频过渡和视频效果。如果序列中的素材没有应用效果，则只对序列执行一次播放预览，不进行渲染。执行该命令后，将弹出渲染进度对话框，显示将要渲染的视频数量和进度，如图 2-35 所示。每一段视频效果都将被渲染生产一个视频文件。渲染完成后，在项目文件的保存目录中将自动生成名为 Adobe Premiere Pro Preview Files 的文件夹并存放渲染得到的视频文件。

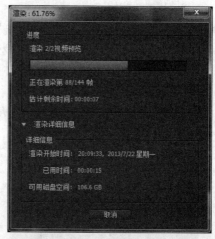

图 2-34　"序列"菜单　　　　　　　　　　图 2-35　渲染进度

- 渲染入点到出点：渲染当前序列中各视频、图像剪辑持续时间范围内以及重叠部分的影片画面，都将单独生成一个对应内容的视频文件。
- 渲染选择项：渲染序列中包含动画内容的素材剪辑，也就是视频素材剪辑，或应用了视频效果或视频过渡的剪辑。如果选中的是没有动画效果的图像素材或音频素材，那么将执行一次该素材持续时间范围内的预览播放。
- 渲染音频：渲染当前序列中的音频内容，包括单独的音频素材剪辑和视频文件中包含的音频内容，每个音频内容将渲染生成对应的*.CFA 和*.PEK 文件。
- 删除渲染文件：单击此命令，在弹出的"确认删除"对话框中按下"确定"按钮，可以删除与当前项目关联的所有渲染文件。
- 删除入点到出点的渲染文件：单击此命令，在弹出的"确认删除"对话框中按下"确定"按钮，可以删除从入点到出点渲染生成的视频文件，但不删除渲染音频生成的文件。

● 匹配帧：选择序列中的素材剪辑后，单击此命令，可以在源监视器窗口中查看到该素材剪辑的大小匹配序列画面尺寸时的效果（不同于双击素材打开源监视器时的原始大小效果），作为调整素材剪辑大小的参考，如图 2-36 所示。

图 2-36　素材剪辑匹配帧

● 添加编辑：单击此命令可以将序列中选中的素材剪辑以时间指针当前的位置进行分割，以方便进一步的编辑，功能相当于工具面板中的剃刀工具 。

● 添加编辑到所有轨道：单击此命令可以对序列中时间指针当前位置的所有轨道中的素材剪辑进行分割，以方便进一步的编辑，如图 2-37 所示。

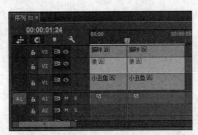

图 2-37　添加编辑到所有轨道

● 修剪编辑：单击此命令可以快速将序列中当前所有处于关注状态的轨道（即轨道头的编号框为浅灰色，其轨道中素材剪辑的颜色为亮色；非关注状态的轨道头编号框为深灰色，其轨道中素材剪辑的颜色为暗色）中的素材，在最接近时间指针当前位置的端点变成修剪编辑状态。移动鼠标到修剪图标上按住并前后拖动，即可改变素材的持续时间。如果修剪位置在两个素材剪辑之间，那么在调整素材持续时间时，其中一个素材中增加的帧数将从相邻的素材中减去，也就是保持两个素材的总长度不变。此命令的功能相当于工具面板中的滚动编辑工具 ，如图 2-38 所示。处于关闭、锁定或非关注状态的轨道将不受影响。

端点离时间
指针较远 ——
关注状态 ——
非关注状态 ——
关注状态 ——

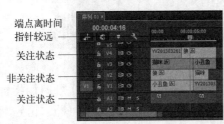

图 2-38　修剪编辑

● 将所选编辑点扩展到播放指示器：在应用修剪编辑时，单击此命令可以将节目监视器窗口切换为修剪监视状态，在其中同时显示当前工作轨道中修剪编辑点前后素材的调整变化，如图 2-39 所示。

图 2-39　将所选编辑点扩展到播放指示器

➢ 大幅度向后修剪 -5 /大幅度向前修剪 +5 ：单击对应的按钮，可以使编辑点向前/向后移动，使后面/前面素材剪辑的持续时间增加，每次 5 帧。

➢ 向后修剪 -1 /向前修剪 +1 ：单击对应的按钮，可以使编辑点向前/向后移动，使后面/前面素材剪辑的持续时间增加，每次 1 帧。

➢ 应用默认过渡效果到选择项 ▣ ：单击该按钮，在编辑点位置的两个素材剪辑之间应用默认的过渡效果（即"交叉溶解"）。

● 应用视频过渡：单击此命令时，如果序列中选定的素材剪辑（及其主体）在时间指针当前位置之前，那么将在该素材的开始位置应用默认的视频过渡效果，如图 2-40 所示。如果选定的素材剪辑（及其主体）在时间指针当前位置之后，将在该素材的结束位置应用默认的视频过渡效果，如图 2-41 所示为应用默认的视频过渡效果。

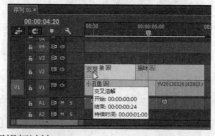

图 2-40　应用视频过渡

图 2-41　应用视频过渡

● 应用音频过渡：单击此命令时，如果序列中选定的音频剪辑（及其主体）在时间指针当前位置之前，那么将在该素材的开始位置应用默认的音频过渡效果（即"恒定功率"）。如果选定的音频剪辑（及其主体）在时间指针当前位置之后，将在该素材的结束位置应用默认的音频过渡效果。

- 应用默认过渡到选择项：单击此命令时，如果序列中选定的素材剪辑（及其主体）在时间指针当前位置之前，那么将在该素材的开始位置应用默认的视频或音频过渡效果。如果选定的素材剪辑（及其主体）在时间指针当前位置之后，将在该素材的结束位置应用默认的视频或音频过渡效果。
- 提升：在时间轴窗口的时间标尺中标记了入点和出点时，执行此命令，可以删除所有处于关注状态的轨道中的素材剪辑在入点与出点区间内的帧，删除的部分将留空，处于关闭、锁定或非关注状态的轨道将不受影响，如图 2-42 所示。

标记的出点 ——
标记的入点 ——

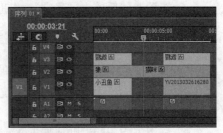

图 2-42　提升标记区间的素材

- 提取：单击此命令，可以删除所有处于关注状态的轨道中的素材剪辑在时间标尺中入点与出点时间范围内的帧，素材剪辑后面的部分将自动前移以填补删除部分，只有处于锁定状态的轨道不受影响，如图 2-43 所示。

图 2-43　提取标记区间的素材

- 放大和缩小：对当前处于关注状态的时间轴窗口或监视器窗口中的时间显示比例进行放大（快捷键为"+"）和缩小（快捷键为"-"），方便进行更精确的时间定位和编辑操作。

序列中下一段(N)	Shift+;
序列中上一段(P)	Ctrl+Shift+;
轨道中下一段(T)	
轨道中上一段(R)	

- 转到间隔：在该命令的子菜单中选择对应的命令，可以快速将时间轴窗口中的时间指针跳转到对应 　图 2-44　"转到间隔"命令子菜单
的位置，如图 2-44 所示。

序列的分段以当前时间指针所停靠素材群（素材群之间有间隔）的最前端或最末端为参考；轨道的分段以当前所选中轨道中素材的入点或出点为参考。

- 对齐：在选中该命令的状态下，在时间轴窗口中移动或修剪素材到接近靠拢时，被移动或修剪的素材将自动靠拢并对齐前面或后面的素材，使两个素材的首尾相连，避免在播放时出现黑屏画面。
- 标准化主音轨：单击该命令可以为当前序列的主音轨设置标准化音量，对序列中音频

内容的整体音量进行提高或降低。

- 添加轨道：在单击该命令打开的"添加轨道"对话框中，可以对需要添加轨道的类型、数量、参数选项进行详细的设置，然后单击"确定"按钮来执行，如图2-45所示。

- 删除轨道：在单击该命令打开的"删除轨道"对话框中，勾选对应的"删除视频/音频轨道"复选框，然后在下拉列表中选择需要删除的轨道序号或"所有空轨道"选项，然后单击"确定"按钮，可以删除所选轨道。

图 2-45　"添加轨道"对话框

2.1.5　标记菜单

"标记"菜单中的命令主要用于在时间轴窗口的时间标尺中设置序列的入点、出点并引导跳转导航，以及添加位置标记、章节标记等操作，如图2-46所示。

- 标记入点/出点：默认情况下，在没有自定义入点或出点时，序列的入点即开始点（00；00；00；00），出点为时间轴窗口中素材剪辑的最末端点。设置自定义的序列入点、出点，可以作为影片渲染输出时的源范围依据。将时间指针移动到需要的时间位置后，单击"标记入点"或"标记出点"命令，即可在时间标尺中标记序列的入点或出点，如图2-47所示。将鼠标移动到设置的序列入点或出点上，在鼠标光标改变形状后，即可按住并向前或向后拖动，调整当前序列入点或出点的时间位置，如图2-48所示。

图 2-46　"标记"菜单

序列出点
序列入点

图 2-47　设置的序列入点和出点

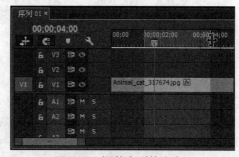

图 2-48　调整序列的出点

在编辑工作中，需要注意区分几个不同的入点、出点概念。序列的入点、出点，是在时间标尺中设置的用以确定影片渲染输出范围的标记；素材剪辑在时间轴窗口中的入点、出点，是指其在轨道中的开始端点和结束端点；图像或视频素材的入点、出点，是指在其素材自身中设置的内容开始点、结束点，可以在项目窗口和素材来源窗口中进行设置修改，用以确定其在加入到序列中后，从动态内容中间的指定位置开始播放，在指定位置结束，只显示其中间需要的片段，而且还可以通过调整其素材剪辑的入点、出点，进一步修剪需要显示在影片序列中的片段。

- 标记剪辑：以当前时间轴窗口中处于关注状态的视频轨道中所有素材剪辑的全部长度设置标记范围，如图 2-49 所示。

图 2-49　通过剪辑标记序列的入点和出点

- 标记选择项：以当前时间轴窗口中被选中的素材剪辑的长度设置标记范围，如图 2-50 所示。

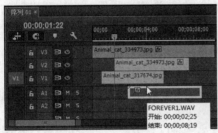

图 2-50　设置标记范围

- 转到入点/出点：单击对应的命令，可以快速将时间指针跳转到时间标尺中的入点或出点位置。
- 清除入点/出点：单击对应的命令，可以清除时间标尺中设置的入点或出点。
- 清除入点和出点：单击此命令，可以同时清除时间标尺中设置的入点和出点。
- 添加标记：单击此命令，可以在时间标尺的上方添加定位标记，除了用于快速定位时间指针外，还可以为影片序列在该时间位置编辑注释信息，方便其他协同的工作人员或以后打开影片项目时，了解当时的编辑意图或注意事项。可以根据需要在时间标尺上添加多个标记，如图 2-51 所示。

图 2-51　添加的标记

- 转到下/上一标记：单击对应的命令，可以快速将时间指针跳转到时间标尺中下一个或上一个标记的开始位置。
- 清除当前标记：单击此命令可以清除时间标尺中时间指针当前位置（或离时间指针最近）的标记。

- 清除所有标记：单击此命令可以清除时间标尺中的所有标记。
- 编辑标记：在时间标尺中选择一个标记后，单击此命令可以在打开的"标记@*"对话框中，为该标记命名以及设置其在时间标尺中的持续时间；在"注释"文本框中可以输入需要的注释信息；在"选项"栏中可以设置标记的类型；单击"上一个"或"下一个"按钮，可以切换时间标尺中前后的其他标记进行查看和编辑；单击"删除"按钮，可以删除当前时间位置的标记。
- 添加章节标记：单击此命令可以打开"标记@*"对话框并自动选中"章节标记"类型选项，在时间指针的当前位置添加 DVD 章节标记，作为将影片项目转换输出并刻录成 DVD 影碟后，在放入影碟播放机时显示的章节段落点，可以用影碟机的遥控器进行点播或跳转到对应的位置开始播放。
- 添加 Flash 提示标记：单击此命令可以打开"标记@*"对话框并自动选中"Flash 提示点"类型选项，在时间指针的当前位置添加 Flash 提示标记，作为将影片项目输出为包含互动功能的影片格式后（如*.MOV），在播放到该位置时，依据设置的 Flash 响应方式，执行设置的互动事件或跳转导航。

2.1.6 字幕菜单

"字幕"菜单中的命令主要用于创建字幕文件，以及为字幕设计器窗口中编辑的文字设置字体、大小、对齐、应用动画和模板等操作。

- 新建字幕：可以在其子菜单中选择创建的字幕类型(静态字幕、滚动字幕、游动字幕)，然后在打开的字幕编辑窗口中，输入文字并设置字体、字号、填充色及其他样式效果。
- 字体：在字幕设计器窗口中选择要输入的文本后，可以在此命令的子菜单中为其选择字体并应用。
- 大小：在字幕设计器窗口中选择要输入的文本后，可以在此命令的子菜单中为其选择合适的字号大小并应用。
- 文字对齐：在要输入的文本内容有多行时，可以在此命令的子菜单中为其选择段落对齐方式，包括靠左、居中和右侧对齐。
- 方向：在此命令的子菜单中，可以为所选文本设置排列方向，包括水平方向或垂直方向。
- 自动换行：选中此命令，在字幕设计器窗口中输入文本时，将在文字达到字幕安全框时自动换行。
- 制表位：在字幕设计器窗口中绘制或选择一个文本框后，单击该命令，在打开的"制表位"对话框中，可以对文本框中的内容进行排列对齐的格式化设置。
- 模板：单击此命令打开"模板"对话框，在其中可以选择需要的模板并应用到所选择的文本对象上。
- 滚动/游动选项：单击此命令打开"滚动/游动选项"对话框，在其中可以为当前编辑的字幕选择字幕类型，设置动画效果，如图 2-52 所示。

  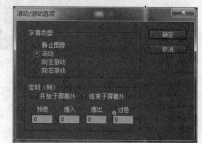

  - ➢ 字幕类型：为当前编辑的字幕选择字幕类型，包括静止图像、滚动向左游动、向右游动。
  - ➢ 开始于屏幕外：勾选该复选框，滚动或游动字幕将在动画开始时从屏幕外进入屏幕中。

图 2-52　"滚动/游动选项"对话框

> 结束于屏幕外：勾选该复选框，滚动或游动字幕将在动画结束时完全离开屏幕。
> 预卷：设置字幕滚动或游动之前保持静止状态的等待帧数。
> 缓入：设置字幕滚动或游动达到正常播放速度前从静止到逐渐加速运动的帧数。
> 缓出：设置字幕滚动或游动在动画结束前逐渐减速运动到静止的帧数。
> 过卷：设置字幕滚动或游动完成后保持静止等待的帧数。

- 图形：在此命令的子菜单中，可以选择将外部图形文件插入到字幕剪辑中，以及在对其进行尺寸调整后的恢复操作。
- 变换：在此命令的子菜单中，可以选择对应的命令，对字幕编辑窗口中所选文本对象进行位置、缩放、旋转及不透明度调整等变换操作。
- 选择：在字幕设计器窗口中添加了多个文本对象后，可以通过此命令的子菜单，选择指定层次的对象进行编辑操作。
- 排列：在字幕设计器窗口中添加了多个文本对象后，可以通过此命令的子菜单，对所选文本对象的层次位置进行对应的调整操作。
- 位置：在此命令的子菜单中，可以选择对应的命令，将所选文本对象参考画面窗口进行水平居中、垂直居中等位置对齐。
- 对齐对象：在字幕设计器窗口中选择了多个文本对象后，可以通过此命令的子菜单，对所选的多个文本对象进行对齐操作。
- 分布对象：在此命令的子菜单中，可以选择对应的命令，对所选的多个文本对象进行水平或垂直方向的间距分布操作。
- 视图：在此命令的子菜单中选择对应的命令，可以在字幕编辑窗口中切换字幕安全框、动作安全框、文本基线等的显示状态。

2.1.7　窗口菜单

"窗口"菜单中的命令主要用于切换程序窗口工作区的布局以及其他工作面板的显示。

2.1.8　帮助菜单

通过"帮助"菜单可以打开软件的在线帮助系统、登录用户的 Adobe ID 账户或更新程序。

2.2　首选项设置

首选项参数中的设置内容主要用于对程序的工作设置进行控制，使程序的使用更符合用户操作习惯或编辑需要，提高工作效率。

1. 常规选项卡

单击"编辑→首选项→常规"命令，即可打开"首选项"对话框并显示出"常规"选项卡，该选项卡中的选项主要用于对程序的一些基本工作属性进行设置，如图 2-53 所示。

- 启动时：选择程序启动时是打开欢迎屏幕还是打开最近编辑过的项目文件。
- 视频过渡默认持续时间：设置在添加视频过渡效果时，过渡效果的默认持续时间。

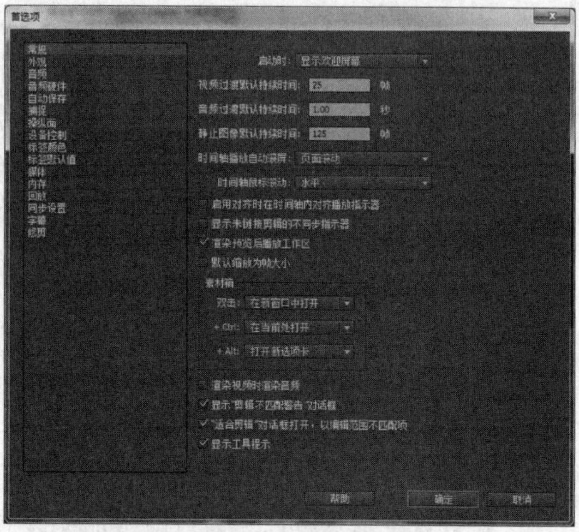

- 音频过渡默认持续时间：设置在添加音频过渡效果时，过渡效果的默认持续时间。
- 静止图像默认持续时间：设置将静态图像素材加入到时间轴窗口中时的默认持续时间。
- 时间轴播放自动滚屏：设置在执行播放预览时，时间指针播放到当前窗口末尾时的滚屏方式。
- 时间轴鼠标滚动：设置在滚动鼠标中键（滑轮）时，时间轴窗口的滚动方向是水平还是垂直。

图 2-53　"常规"选项卡

- 启用对齐时在时间轴内对齐播放指示器：勾选该选项，在"序列"菜单中选择"对齐"命令时，可以在时间轴窗口中移动素材剪辑到靠近时间指针时，吸附并对齐到时间指针所在位置。
- 显示未链接剪辑的不同步指示器：勾选该选项，在序列中包含断开链接的素材剪辑时，显示出不同步时间指针。
- 渲染预览后播放工作区：勾选该选项，在执行渲染预览后，播放当前序列的工作区范围。
- 默认缩放为帧大小：勾选该选项后，在加入到时间轴窗口中的素材画面尺寸与序列的帧画面大小不一致时，自动将素材的画面尺寸缩放为与影片画面的比例一致。
- 素材箱：设置在项目窗口中对素材箱文件夹的相关操作方式。
- 渲染视频时渲染音频：勾选该选项，在执行渲染预览时，将同时渲染音频内容。
- 显示"剪辑不匹配警告"对话框：勾选该选项，在加入到时间轴窗口中的素材在画面尺寸、帧速率等属性与当前序列的设置不一致时，将弹出提示对话框，可以根据需要选择匹配处理方式，如图 2-54 所示。
  - ➢ 更改序列设置：更改序列的属性设置为与素材剪辑一致。
  - ➢ 保持现有设置：不改变序列设置，保持素材的原本属性。
- 显示工具提示：勾选该选项，在将鼠标指针移动到窗口中的任意功能按钮上时，将弹出对应的名称提示框。

2. 外观选项卡

该选项卡中的选项用于对软件的界面进行明暗调节，将滑块向左移动变暗，向右移动则变亮。单击"默认"按钮，将恢复软件的默认界面灰度，如图 2-55 所示。

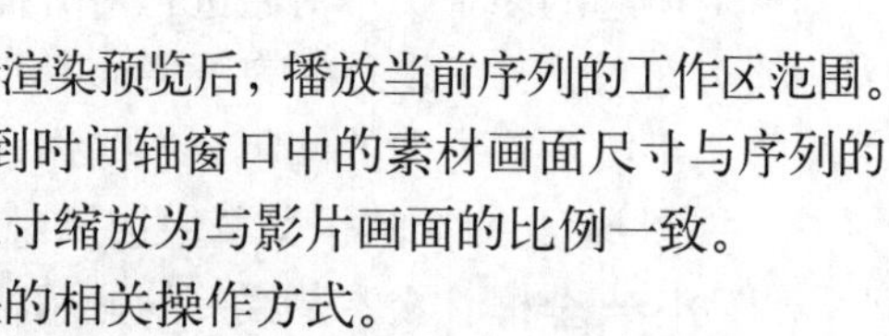

3. 音频选项卡

图 2-54　"剪辑不匹配警告"对话框

该选项卡中的选项主要用于对音频混合、音频关键帧优化等参数进行设置，如图 2-56 所示。

- 自动匹配时间：设置音频素材加入到序列中时，自动对齐停靠的时间间隔长度。默认为 1 秒，即表示在拖放音频素材剪辑时，将自动对齐到每隔 1 秒的整数位置。

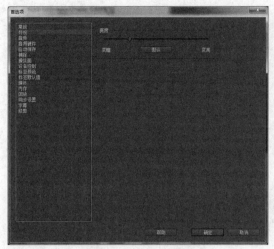

图 2-55 "外观"选项卡

图 2-56 "音频"选项卡

- 5.1 混音类型：设置在制作 5.1 声道的影片项目时，输出影片文件的音频主声道混音位置。
- 搜索时播放音频：勾选该选项，在时间轴窗口中拖动时间指针时，也同步播放所经过位置的音频。
- 时间轴录制期间静音输入：勾选该选项，在录制期间，静音电脑系统的线路输入，只录取麦克风。
- 自动峰值文件生成：勾选该选项，在执行渲染预览时，自动生成音频波形峰值文件。
- 默认音频轨道：设置各种类型的音频素材在音频轨道中的默认声道模式。"使用文件"表示保持音频素材自身的声道模式；选择其他选项，则可强制该音频素材的声道模式为目标模式。
- 自动关键帧优化：设置创建音频关键帧动画时的播放优化。
  - ➤ 线性关键帧细化：勾选该选项，自动优化以线性插值模式创建的关键帧的数量。
  - ➤ 减少最小时间间隔：勾选该选项，将按照在下面输入的自定义时间值来优化减少关键帧数量。
- 大幅音量调整：设置可以对音频素材进行音量提高的最大值。
- 音频增效工具管理器：单击该按钮，可以在打开的"音频增效工具管理器"对话框中导入外部的音频增效程序并对其进行管理，方便为影片中的音频内容应用更多样的变化效果。

4. 音频硬件选项卡

该选项卡中的选项用于选择和设置程序工作时所应用的音频硬件，如图 2-57 所示。

5. 自动保存选项卡

该选项卡中的选项用于设置程序的自动保存参数，如图 2-58 所示。

- 自动保存项目：勾选该选项，程序将在编辑过程中根据设置的间隔时间执行自动保存项目，用于在需要时恢复到之前某个阶段的编辑状态。
- 自动保存时间间隔：设置执行自动保存的时间间隔，单位为分钟；时间间隔越短，则自动保存越密集。

图 2-57 "音频硬件"选项卡

图 2-58 "自动保存"选项卡

- 最大项目版本：设置程序自动保存项目文件的最大数量；自动保存所生产的项目文件，存放在与工作项目文件相同目录下的 Adobe Premiere Pro Auto-Save 文件夹中；当自动保存的文件到达最大数量后，新生成的自动保存文件将返回从第一个开始重新覆盖保存。

6. 捕捉选项卡

该选项卡中的选项用于设置进行模拟视频的采集捕捉时的参数选项，如图 2-59 所示。

- 丢帧时中止捕捉：勾选该选项，在捕捉模拟视频信号时如果出现丢帧情况，将自动中止。
- 报告丢帧：勾选该选项，捕捉中出现丢帧情况时，将生成日志报告文件，记录丢帧情况。
- 仅在未成功完成时生成批处理日志文件：勾选该选项，只在捕捉进程没有成功完成时才生成批处理日志文件。
- 使用设备控制时间码：勾选该选项，在捕捉过程中启用所连接的外部采集设备来控制当前时间码。

7. 操纵面选项卡

该选项卡中的选项用于在电脑连接了外部媒体控制设备时，在此添加对应的工作协议（EUCON 或 Mackie），可以通过外部设备上的衰减控制器、旋钮或按钮，实现对程序中音轨混合器面板、音频剪辑混合器面板上对应功能的控制，如图 2-60 所示。该选项通常只在专业录音室或大型影视后期合成系统中使用。

图 2-59 "捕捉"选项卡

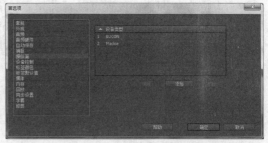
图 2-60 "操纵面"选项卡

8. 设备控制选项卡

该选项卡中的选项用于设置捕捉视频素材时所使用的硬件设备，如图 2-61 所示。

9. 标签颜色选项卡

该选项卡中的选项用于定制程序中标签颜色的名称和对应的颜色值，如图 2-62 所示。

单击其中的颜色块，在弹出的拾色器窗口中可以设置需要的颜色并为该颜色设置方便辨识的名称。

 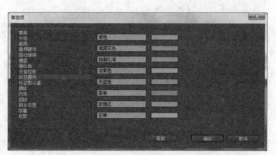

图 2-61 "设备控制"选项卡　　　　　　图 2-62 "标签颜色"选项卡

10. 标签默认值选项卡

该选项卡中的选项用于为程序中各个需要应用标签颜色的对象指定为"标签颜色"选项卡中定制的颜色，如图 2-63 所示。

11. 媒体选项卡

该选项卡中的选项用于设置影片项目编辑过程中的媒体缓存文件存放位置及相关设置，如图 2-64 所示。

 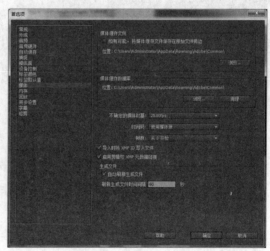

图 2-63 "标签默认值"选项卡　　　　　　图 2-64 "媒体"选项卡

- 媒体缓存文件：勾选"如有可能，将媒体缓存文件保存在原始文件旁边"复选框，可以使生成的缓存文件自动保存在与项目文件相同的目录中；单击"浏览"按钮，可以在弹出的对话框中对缓存文件的保存目录进行重新指定。
- 媒体缓存数据库：单击"浏览"按钮，可以对程序工作过程中生成的缓存数据库文件重新指定保存目录；单击"清理"按钮，可以清除之前生成的缓存数据库文件。
- 不确定的媒体时基：对于不确定播放速率的媒体素材，可以在此下拉列表中为其指定一个速率进行强制应用。
- 时间码：选择编辑素材剪辑时采用时间码的方式，可以选择使用媒体素材自身的或是程序默认的。

- 帧数：设置编辑素材剪辑时的起始帧位置，默认为从 0 开始。
- 导入时将 XMP ID 写入文件：勾选该选项，导入素材时将元数据 ID 写入素材。
- 启用剪辑与 XMP 元数据链接：勾选该选项，激活素材与元数据的实时链接。
- 自动刷新生成文件：勾选该选项，程序将应用下方设置的间隔时间对缓存生成的文件进行自动刷新。

12. 内存选项卡

该选项卡中的选项用于调整系统内存的分配，如图 2-65 所示。

- 内存：该选项中显示了电脑系统中的工作内存大小，以及可用于 Adobe 程序的内存大小；调整"为其他应用程序保留的内存"数值，可以对系统工作内存的分配进行修改。
- 优化渲染为：在该下拉列表中选择"性能"，即采用性能优先模式来优化工作内存；选择"内存"则根据系统内存的可用大小来进行分配优化。

13. 回放选项卡

该选项卡中的选项，用于设置在外部视频设备中回放影片项目的相关参数，如图 2-66 所示。

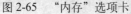

图 2-65　"内存"选项卡

图 2-66　"回放"选项卡

- 预卷：设置在外部设备中播放影片时，影片起始预先运转到的时间位置。
- 过卷：设置在外部设备中播放影片时，影片即将结束时的停止时间位置。
- 音频/视频设备：指定需要播放影片项目的外部设备。

14. 同步设置选项卡

该选项卡中的选项用于设置需要进行同步到云端空间的内容，如图 2-67 所示。

15. 字幕选项卡

该选项卡中的选项用于对字幕设计器窗口中的相关选项进行设置，如图 2-68 所示。

图 2-67　"同步设置"选项卡

图 2-68　"字幕"选项卡

- **样式色板**：用于设置字幕设计器窗口中字体样式列表中的范例文字，默认为 Aa；可以修改为自定义的字符，例如修改为 Cc，效果如图 2-69 所示。
- **字体浏览器**：设置在字体下拉列表中用以示例各字体效果的范例文字，默认为 AaegZz；可以修改为自定义的字符，例如修改为 Apple。

16. 修剪选项卡

该选项卡中的选项用于设置对素材剪辑进行修剪时的相关选项，如图 2-70 所示。

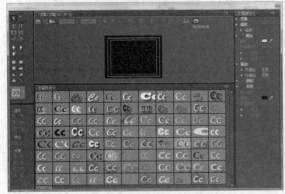
图 2-69　修改字体样式范例文字

图 2-70　"修剪"选项卡

- **大修剪偏移**：设置修剪监视器窗口中执行大幅修剪的帧数，默认为 5 帧；可以修改为自定义的帧数，例如修改为 15 帧，效果如图 2-71 所示。

图 2-71　修改后的大幅修剪帧数

在下方的文本框中，用于设置修剪音频轨道中的音频时，执行大幅修剪的音频时间长度，默认为 100；可以修改为自定义的数值，例如修改为 10，效果如图 2-72 所示。

图 2-72　修改后的大幅修剪音频时间长度

2.3 习题

填空题

（1）要新建一个字幕文件，可以通过执行_____或_____菜单命令来完成。

（2）在项目窗口中选中一个从外部导入的媒体素材后，执行_____菜单命令，可以启动系统中与该类型文件相关联的默认程序进行浏览或编辑。

（3）在"首选项"对话框的_____选项卡中，可以为程序中各个需要应用标签颜色的媒体对象指定新的标签颜色。

第 3 章　影视编辑工作流程

 学习要点

➢ 熟悉在 Premiere Pro CC 中进行影视编辑的基本工作流程
➢ 掌握导入媒体素材的几种操作方法
➢ 熟悉为素材剪辑添加视频过渡效果的操作方法
➢ 熟悉将编辑好的项目合成输出为影片文件的操作方法

3.1　了解影视编辑的基本工作流程

在 Premiere Pro CC 中进行影视编辑的基本工作流程，包括如下工作环节：确定主题，规划制作方案→收集整理素材，并对素材进行适合编辑需要的处理→创建影片项目，新建指定格式的合成序列→导入准备好的素材文件→对素材进行编辑处理→在序列的时间轴窗口中编排素材的时间位置、层次关系→为时间轴中的素材添加并设置过渡、特效→编辑影片标题文字、字幕→加入需要的音频素材，并编辑音频效果→预览检查编辑好的影片效果，对需要的部分进行修改调整→渲染输出影片。

3.2　编辑第一个影片——可爱的动物

下面通过一个音乐短片的制作，对在 Premiere Pro CC 中进行影片编辑的工作流程进行完整的体验。在播放器程序中打开本书配套实例光盘中的\Chapter 3\可爱的动物\Export 目录下的"可爱的动物.avi"文件，先欣赏本实例的完成效果，如图 3-1 所示。

图 3-1　观看影片完成效果

3.2.1 影视编辑的准备工作

在 Premiere Pro CC 中进行影视编辑的准备工作，主要包括制定编辑方案和准备素材两个方面。制作的编辑方案最好形成文字或草稿，可以罗列出影片的主题、主要的编辑环节、需要实现的目标效果、准备应用的特殊效果、需要准备的素材资源、各种素材文件和项目文件的保存路径设置等，尽量在动手制作前详细地将编辑流程和可能遇到的问题考虑全面，并提前确定实现目标效果和解决问题的办法，作为编辑操作时的参考指导，为完成影片的编辑制作提供帮助。

素材的准备工作主要包括图片、视频、音频以及其他相关资源的收集，并对需要的素材做好前期处理，以适合影片项目的编辑需要。例如，修改图像文件的尺寸、裁切视频或音频素材中需要的片段、转换素材文件格式以方便导入到 Premiere Pro CC 中使用、在 Photoshop 中提前制作好需要的图像效果等，并将它们存放到电脑中指定的文件夹，以便管理和使用。

本章实例所需要的素材已准备好，并存放在本书配套实例光盘中的\Chapter 3\可爱的动物\Media 目录下，如图 3-2 所示。

图 3-2　准备好的素材文件

3.2.2 创建影片项目和序列

准备好素材文件后，下面开始在 Premiere Pro CC 中的编辑操作，首先是需要创建项目文件和合成序列。

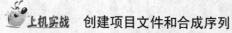**创建项目文件和合成序列**

1　启动 Premiere Pro CC，在欢迎屏幕中单击"新建项目"按钮，打开"新建项目"对话框，在"名称"文本框中输入"可爱的动物"，然后单击"位置"后面的"浏览"按钮，在打开的对话框中，为新创建的项目选择保存路径，如图 3-3 所示。

2　在"新建项目"对话框单击"确定"按钮，进入 Premiere Pro CC 的工作界面。执行"文件→新建→序列"命令或按"Ctrl+N"快捷键，打开"新建序列"对话框，在"可用预设"列表中展开 DV-NTSC 文件夹并选择"标准 48kHz"类型，如图 3-4 所示。

　在项目窗口中单击鼠标右键并选择"新建项目→序列"命令，也可以打开"新建序列"对话框。

图 3-3　新建项目并保存

3　展开"设置"选项卡，在"编辑模式"下拉列表中选择"自定义"选项，然后设置"时基"参数为 25.00 帧/秒，如图 3-5 所示。

图 3-4　"新建序列"对话框

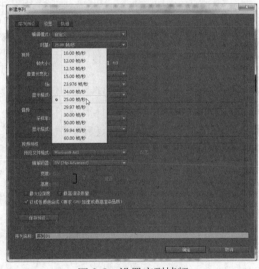

图 3-5　设置序列帧频

TIPS▶

本实例中的影像素材全部为图像文件，因为静态图像素材被作为剪辑使用时，其默认的帧速率为 25.00 帧/秒，为了方便编辑操作时的时间长度匹配，在这里为新建的序列设置同样的帧速率。在实际工作中，可根据编辑需要进行设置。

4　在"新建序列"对话框中单击"确定"按钮后，即可在项目窗口查看到新建的序列对象，如图 3-6 所示。

3.2.3　导入准备好的素材

Premiere Pro CC 支持图像、视频、音频等多种类型和文件格式的素材导入，它们的导入方法基本相同。将准备好的素材导入到项目窗口中，可以通过多种操作方法来完成。

图 3-6　新建的合成序列

　　方法 1　通过命令导入。单击"文件→导入"命令，或在项目窗口中的空白位置单击鼠标右键并选择"导入"命令，在弹出的"导入"对话框中展开素材的保存目录，选择需要导入的素材，然后单击"打开"按钮，即可将所选择的素材导入到项目窗口中，如图 3-7 所示。

图 3-7　导入素材文件

　在项目窗口文件列表区的空白位置双击鼠标左键，可以快速打开"导入"对话框，进行文件的导入操作。

　　方法 2　从媒体浏览器导入素材。在媒体浏览器面板中展开素材的保存文件夹，将需要导入的一个或多个文件选中，然后单击鼠标右键并选择"导入"命令，即可完成指定素材的导入，如图 3-8 所示。

　　方法 3　将外部素材拖入项目窗口中。在文件夹中将需要导入的一个或多个文件选中，然后按住并拖动到项目窗口中，即可快速地完成指定素材的导入，如图 3-9 所示。

图 3-8　媒体浏览器面板

图 3-9　拖动素材文件到项目窗口中

　　方法 4　将外部素材拖入时间轴窗口中。在文件夹中将需要导入的一个或多个文件选中，然后按住并拖动到序列的时间轴窗口中，可以直接将素材添加到合成序列中指定的位置，如图 3-10 所示。不过，这种方式加入的素材不会自动添加到项目窗口中，如果需要多次使用加入的素材，可以将时间轴窗口中的素材剪辑按住并拖入项目窗口中保存。

图 3-10　直接将素材拖入时间轴窗口中

　　本实例所需要的素材文件，保存在本书配套实例光盘中的\Chapter 3\可爱的动物\Media 目录下，将它们全部导入到项目窗口中后，可以在其中对素材文件进行预览查看。单击项目窗口左下角的"列表视图"按钮，可以将素材文件以列表方式显示，同时可以查看素材的帧速率、持续时间、尺寸大小等信息；单击项目窗口右上角的按钮，在弹出的命令菜单中选择"预览区域"命令，可以在项目窗口的顶部显示出预览区域，方便查看所选素材的内容以及其他信息，如图 3-11 所示。

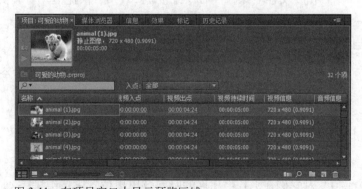

图 3-11　在项目窗口中显示预览区域

3.2.4　编辑素材

　　对于导入到项目窗口中的素材剪辑，通常需要对其进行一些修改编辑，以达到符合影片制作要求的效果。例如，可以通过修改视频的入点和出点，去掉视频素材开始或结束位置多余的片段，使其在加入到序列中后刚好显示需要的部分；还可以调整视频素材的播放速度，以及修改视频、音频、图像素材的持续时间等。

将静态的图像文件加入到 Premiere Pro CC 中时，默认的持续时间为 5 秒。本实例中需要将所有图像素材的持续时间修改为 4 秒，可以通过以下操作来完成。

上机实战　调整素材的持续时间

1　在项目窗口中用鼠标选择所有的图像素材，然后单击"剪辑→速度/持续时间"命令，或者在单击鼠标右键弹出的命令菜单中单击"速度/持续时间"命令，如图 3-12 所示。

2　在打开的"剪辑速度/持续时间"对话框中，将所选图像素材的持续时间改为"00:00:04:00"，如图 3-13 所示。

3　单击"确定"按钮，回到项目窗口中，拖动素材文件列表下面的滑块到显示出"视频持续时间"信息栏，即可查看到所有选择的图像素材持续时间已经变成 4 秒，如图 3-14 所示。

图 3-12　选择"速度/持续时间"命令

图 3-13　修改持续时间

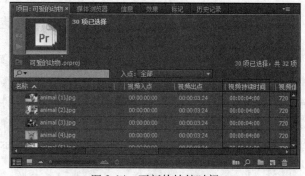

图 3-14　更新的持续时间

4　单击"文件→保存"命令或按"Ctrl+S"快捷键，对编辑项目进行保存。

在影片项目的编辑过程中，完成一个阶段的编辑工作后，应及时保存项目文件，以避免因为误操作、程序故障、突然断电等意外的发生带来的损失。另外，对于操作复杂的大型编辑项目，还应养成阶段性地保存副本的工作习惯，以方便在后续的操作中，查看或恢复到之前的编辑状态。

3.2.5　在时间轴中编排素材

完成上述准备工作后，接下来开始编辑合成序列的内容，将素材剪辑加入到序列的时间轴窗口中，对它们在影片中出现的时间及出现位置进行编排，这是影片编辑工作的主要环节。

上机实战　编辑素材的出现时间和出入位置

1　在项目窗口中将图像素材"animal (1).jpg"拖动到时间轴窗口中的视频 1 轨道上的开始位置，在释放鼠标后，即可将其入点对齐在"00:00:00:00"的位置，如图 3-15 所示。

图 3-15　加入素材

素材剪辑在时间轴窗口中的持续时间，是指在轨道中的入点（即开始位置）到出点（即结束位置）之间的长度，但它不完全等同于在项目窗口中素材本身的持续时间，素材在被加入到时间轴窗口中时，默认的持续时间与在项目中素材本身的持续时间相同。在对时间轴窗口中的素材持续时间进行修剪时，不会影响项目窗口中素材本身的持续时间，对项目窗口中素材的持续时间进行修改后，将在新加入到时间轴窗口中时应用新的持续时间，并且在修改之前加入到时间轴窗口中的素材不受影响，在编辑操作中需要注意区别。

2　为方便查看素材剪辑的内容与持续时间，可以将鼠标移动到视频 1 的轨道头上，向前滑动鼠标的中键，即可增加轨道的显示高度，显示出素材剪辑的预览图像。拖动窗口下边的显示比例滑块头，可以调整时间标尺的显示比例，以方便清楚地显示出详细的时间位置，如图 3-16 所示。

图 3-16　加入素材

3　配合使用 Shift 键，在项目窗口中依次选中"animal (2).jpg~animal (30).jpg"，然后将它们拖入到时间轴窗口中的视频 1 轨道上并对齐到"animal (1).jpg"的出点，如图 3-17 所示。

图 3-17　加入所有图像素材

4 单击"文件→保存"命令或按"Ctrl+S"快捷键，对编辑项目进行保存。

3.2.6 为素材应用视频过渡

在序列中的素材剪辑之间添加视频过渡效果，可以使素材间的播放切换更加流畅、自然。在效果面板中展开"视频过渡"文件夹并打开视频过渡类型文件夹，然后将选择的视频过渡效果拖动到时间轴窗口中相邻的素材之间即可。

上机实战 为素材应用视频过渡

1 单击"窗口→效果"命令或按"Shift+7"快捷键，打开效果面板，单击"视频过渡"文件夹前面的三角形按钮▶，将其展开，如图 3-18 所示。

2 单击"划像"文件夹前的三角形按钮，将其展开并选择"交叉划像"效果，如图 3-19 所示。

图 3-18　打开"视频过渡"文件夹

图 3-19　选择过渡效果

3 按下"+"键放大时间轴窗口中时间标尺的单位比例，将"交叉划像"过渡效果拖动到时间轴窗口中素材"animal (01).jpg"和"animal (02).jpg"相交的位置，在释放鼠标后，即可在它们之间添加过渡效果，如图 3-20 所示。

图 3-20　添加过渡效果

4 单击"窗口→效果控件"命令或按"Shift+5"快捷键，打开效果控件面板，设置过渡效果发生在素材之间的对齐方式为"中心切入"，如图 3-21 所示。

过渡效果的"中心切入"对齐方式，是指过渡动画的持续时间在两个素材之间各占一半；"起点切入"是指在前一素材中没有过渡动画，在后一素材的入点位置开始；"终点切入"则是指过渡动画全部在前一素材的末尾。

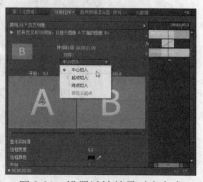
图 3-21　设置过渡效果对齐方式

5 在时间轴窗口中添加了过渡效果的时间位置拖动时间指针，即可在节目监视器窗口中查看到应用的画面过渡切换效果，如图 3-22 所示。

图 3-22 预览过渡效果

6 使用同样的方法，为视频 1 轨道中的其余素材的相邻位置添加不同的切换效果，并将所有过渡动画的对齐方式设置为"中心切入"，完成效果如图 3-23 所示。

图 3-23 完成过渡效果的添加

7 单击"文件→保存"命令或按"Ctrl+S"快捷键，对编辑项目进行保存。

3.2.7 编辑影片字幕

文字是基本的信息表现形式，在 Premiere Pro CC 中，可以通过创建字幕剪辑制作需要添加到影片画面中的文字信息。本实例将为影片添加标题文字，介绍字幕文字的基本编辑方法。

上机实战 为影片添加标题文字

1 单击"字幕→新建字幕→默认静态字幕"命令，打开"新建字幕"对话框。在该对话框中可以对将要新建的字幕剪辑的视频属性进行设置，默认情况下与当前合成序列保持一致，如图 3-24 所示。

2 在"名称"文本框中可以输入字幕剪辑名称，单击"确定"按钮，打开字幕设计器窗口。在窗口左边的工具栏中单击"文字工具"按钮 **T**，然后在文字编辑区单击并输入文字"可爱的动物"，设置字体为 Adobe 楷体，字号大小为 50.0，并移动到画面左下角的字幕安全区域内，如图 3-25 所示。

图 3-24 "新建字幕"对话框

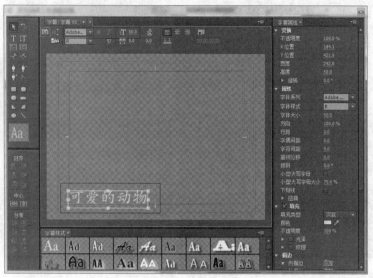

图 3-25　编辑字幕文字

在字幕设计器窗口中显示了两个实线框，内部实线框是字幕安全区，外部实线框
是动作安全区。早期的显像管电视机屏幕边缘是弯曲的，投射到屏幕上的画面边
缘就会看不见或模糊，所以设计了安全区域，提示在制作影视内容时，将字幕或
人物动作与画面边缘保持一定距离，以确保字幕、动作都可以在屏幕的正面清楚
地显示。现在的液晶电视已经不存在这个问题，但安全区域同样可以作为画面构
图的参考，避免需要突出表现的内容太靠近边缘。

3　勾选窗口右边"字幕属性"窗格中的"填充"复选框，单击"颜色"选项后面的色
块，在弹出的拾色器窗口中，将字幕的颜色设置为浅蓝色，如图 3-26 所示。

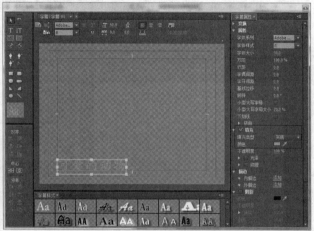

图 3-26　设置字幕颜色

4　展开"描边"选项，单击"外描边"后面的"添加"文字按钮，为文字添加一层外
描边，设置大小为 20.0，描边颜色为深蓝色，如图 3-27 所示。

5　关闭字幕设计器窗口，回到项目窗口中，即可查看到创建完成的字幕剪辑，如图 3-28
所示。

 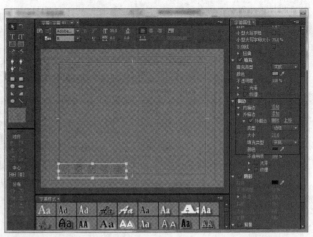

图 3-27　设置文字描边颜色

6　将字幕剪辑添加到时间轴窗口的视频 2 轨道中的开始位置，然后将鼠标移动到字幕剪辑的后面，在鼠标光标改变为▓形态时，按住鼠标左键并向右拖动，延迟字幕剪辑的持续时间到与视频 1 轨道中的图像结束位置对齐，如图 3-29 所示。

图 3-28　创建的字幕剪辑

图 3-29　延迟剪辑的持续时间

7　单击"文件→保存"命令或按"Ctrl+S"快捷键，对编辑项目进行保存。

3.2.8　添加视频效果

在 Premiere Pro CC 中提供了类别丰富、效果多样的视频特效命令，可以为影像画面编辑各种变化效果。本例将以为添加的影片标题文字应用投影效果为例，介绍视频效果的添加与设置方法。

上机实战　为影片标题文字应用投影效果

1　在效果面板中展开"视频效果"文件夹，打开"透视"文件夹并选择"投影"效果，将其按住并拖动到时间轴窗口中的字幕剪辑上，为其应用该特效，如图 3-30 所示。

2　打开效果控件面板，在"投影"效果的参数选项中，将"阴影颜色"设置为深紫色，"距离"为 8.0，保持其他选项的默认参数，如图 3-31 所示。

3　单击"文件→保存"命令或按"Ctrl+S"快捷键，保存编辑项目。在时间轴或节目监视器窗口中拖动时间指针，预览编辑完成的文字投影效果，如图 3-32 所示。

图 3-30　选择"投影"效果

图 3-31　设置效果参数

图 3-32　文字投影效果

3.2.9　添加音频内容

下面为影片添加背景音乐，提升影片的整体表现力。音频素材的添加与编辑方法，与图像素材的应用基本相同。

上机实战　为影片添加背景音乐

1　在项目窗口中双击导入的音频素材"music.WAV"，将其在源监视器窗口中打开，如图 3-33 所示。

2　在源监视器窗口中拖动时间指针，或单击播放控制栏中的"播放-停止切换"按钮▶，可以播放预览音频的内容，如图 3-34 所示。

3　在播放预览音频素材的时候可以发现，在音频素材

图 3-33　双击音频素材

开始 1 秒左右的时间里是没有音乐的（即音频波谱为水平线的部分），这里可以调整其入点时间，使其在加入到时间轴窗口中时，从 1 秒以后有音乐的位置开始播放：拖动时间指针到"00:00:01:09"的位置，然后单击播放控制栏中的"标记入点"按钮 {，将音频素材的入点调整到从该位置开始，如图 3-35 所示。

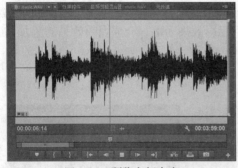
图 3-34　预览音频内容

图 3-35　设置音频素材的入点

4　将时间轴窗口中的时间指针定位在开始的位置，然后按下源监视器窗口中播放控制栏中的"覆盖"按钮，将其加入到时间轴窗口的音频 1 轨道中，或者直接从项目窗口中将处理好的音频素材拖入需要的音频轨道中即可，如图 3-36 所示。

5　在工具面板中选择"剃刀工具"，在音频轨道上对齐视频轨道中的结束位置按下鼠标左键，将音频素材切割为两段，然后将后面的多余部分选择并删除，如图 3-37 所示。

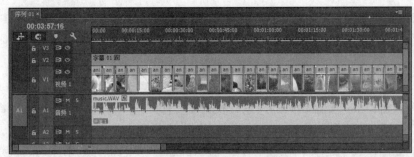

图 3-36　加入音频素材

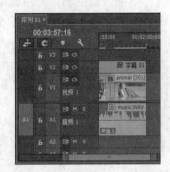

图 3-37　剪除多余的音频部分

6　单击"文件→保存"命令或按"Ctrl+S"快捷键，保存编辑项目。

3.2.10　预览编辑好的影片

完成对所有素材剪辑的编辑工作后，需要对影片进行预览播放，对编辑效果进行检查，及时处理发现的问题，或者对不满意的效果根据实际情况进行修改调整。

上机实战　预览编辑好的影片

1　在时间轴窗口或节目监视器窗口中，将时间指针定位在需要开始预览的位置，然后单击节目监视器窗口中的"播放-停止切换"按钮 ▶ 或按键盘上的空格键，对编辑完成的影片进行播放预览，如图 3-38 所示。

图 3-38　播放预览

2　单击"文件"→"保存"命令或按"Ctrl+S"快捷键，保存编辑好的项目文件。

3.2.11 输出影片文件

影片的输出是指将编辑好的项目文件渲染输出成视频文件的过程。

上机实战 输出影片

1 在项目窗口中选择编辑好的序列，执行"文件"→"导出"→"媒体"命令，打开"导出设置"对话框，在预览窗口下面的"源范围"下拉列表中选择"整个序列"。

2 在"导出设置"选项中勾选"与序列设置匹配"复选框，应用序列的视频属性输出影片。单击"输出名称"后面的文字按钮，打开"另存为"对话框，在对话框中为输出的影片设置文件名和保存位置，单击"保存"按钮，如图 3-39 所示。

图 3-39 设置影片导出选项

3 保持其他选项的默认参数，单击"导出"按钮，Premiere Pro CC 将打开导出视频的编码进度窗口，开始导出视频内容，如图 3-40 所示。

4 影片输出完成后，使用视频播放器播放影片的完成效果，如图 3-41 所示。

图 3-40 影片输出进程

图 3-41 欣赏影片完成效果

3.3 习题

1. 填空题

（1）在媒体浏览器面板中展开素材的保存文件夹，将需要导入的一个或多个文件选中，然后单击鼠标右键并选择_____命令，即可完成指定素材的导入。

（2）在字幕设计器窗口中的两个实线框，内部实线框是_____，外部实线框是_____。

（3）单击节目监视器窗口中的"_____"按钮或按键盘上的_____键，可以对当前的合成序列进行播放预览。

2. 上机实训

参考本章中影视编辑工作流程的实践案例，利用本书配套实例光盘中的\Chapter 3\英伦风光\Media 目录下准备的素材文件，以"英伦风光"为主题，制作一个同类的风景欣赏幻灯影片，如图 3-42 所示。

图 3-42 准备的素材文件

第 4 章　素材的管理与编辑

学习要点

➢ 掌握导入 PSD 分层图像文件的设置方法和导入序列图像的方法
➢ 熟悉在项目窗口中对素材进行管理的各种操作方法
➢ 掌握对素材和剪辑的速度与持续时间进行修改的方法
➢ 熟悉在源监视器窗口和节目监视器窗口中对素材对象的常用编辑方法

4.1　素材的导入设置

在项目窗口中对导入的素材进行科学合理的管理，可以规范工作项目，提高工作效率。在导入不同类型的素材文件时，根据素材文件自身的媒体特点，也有不同的对应设置。下面通过两个实例介绍导入分层文件和序列图像的方法。

对于 PSD、AI 等可以包含多个图层图像的分层文件，在导入到 Premiere Pro CC 中时，可以选择对文件中的多个图层进行不同形式的导入。

上机实战　PSD 素材导入设置

1　在项目窗口中单击鼠标右键并选择"导入"命令，在打开的"导入"对话框中，选择本书配套实例光盘中的\Chapter 4\Media 目录下的 shoes.psd 文件，如图 4-1 所示。

2　单击"打开"按钮后，在弹出的"导入分层文件"对话框中，根据需要设置导入选项，如图 4-2 所示。

图 4-1　选择 PSD 文件

图 4-2　"导入分层文件"对话框

● 合并所有图层：将分层文件中的所有图层合并，以一个单独图像的方式导入文件，导入到项目窗口中的效果如图 4-3 所示。

图 4-3　以"合并所有图层"方式导入

- 合并的图层：选择该选项后，下面的图层列表变为可选状态，取消勾选不需要的图层，然后单击"确定"按钮，将勾选保留的图层合并在一起并导入到项目窗口中，如图 4-4 所示。

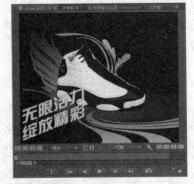

图 4-4　以"合并的图层"方式导入

- 各个图层：选择该选项后，下面的图层列表变为可选状态，保留勾选的每个图层都将作为一个单独素材文件被导入。在"素材尺寸"下拉列表中，可以选择各图层的图像在导入时是保持在原图层中的大小，还是自动调整到适合当前项目的画面大小；导入后的各图层图像，将自动被存放在新建的素材箱中，并以"图层名称/文件名称"的方式命名显示；双击其中一个图层图像，可以单独对其进行查看，如图 4-5 所示。

图 4-5　以"各个图层"方式导入

- 序列：选择该选项后，下面的图层列表变为可选状态，保留勾选的每个图层都将作为一个单独素材文件被导入。单击"确定"按钮后，将以该分层文件的图像属性创建一个相同尺寸大小的序列合成，并按照各图层在分层文件中的图层顺序生成对应内容的视频轨道，如图 4-6 所示。

图 4-6　以"序列"方式导入

序列图像通常是指一系列在画面内容上有连续的单帧图像文件，并且需要以连续数字序号的文件名才能被识别为序列图像。在以序列图像的方式将其导入时，可以作为一段动态图像素材使用。

上机实战　导入序列图像文件

1　在 Premiere Pro CC 的项目窗口中单击鼠标右键并选择"导入"命令，在打开的"导入"对话框中，打开本书配套实例光盘中的\Chapter 4\Media\绿底人像，选择其中的第一个图像文件，对话框下面的"图像序列"选项将被自动勾选，如图 4-7 所示。

图 4-7　导入图像序列

2　单击"打开"按钮，将序列图像文件导入到项目窗口中，即可看见导入的素材将以视频素材的形式被加入到项目窗口中，如图 4-8 所示。

3　在项目窗口中双击导入的序列图像素材，可以在打开的源监视器窗口中预览播放其动画内容，如图 4-9 所示。

有时候准备的素材文件是以连续的数字序号命名，在选择其中一个进行导入时，将会被自动转换为序列图像导入；如果不想以序列图像的方式将其导入，或者只需要导入序列图像中的一个或多个图像，可以在"导入"对话框中取消对"图像序列"复选框的勾选，再执行导入即可。

图 4-8　导入的序列图像素材

图 4-9　预览素材内容

4.2　素材管理

对素材的管理操作主要在项目窗口中进行，包括对素材文件进行重命名、自定义素材标签色、创建文件夹进行分类管理等。

4.2.1　查看素材的属性

查看素材的属性可以通过多种方法来完成，不同的方法可以查看到的信息也不同。

方法 1　在项目窗口中的素材剪辑上单击鼠标右键并选择"属性"命令，弹出"属性"面板，其中显示了当前所选素材的详细文件信息与媒体属性，如图 4-10 所示。

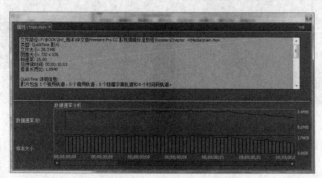

图 4-10　"属性"面板

方法 2　在项目窗口中将素材文件以列表视图方式显示，用鼠标拉宽窗口，可以显示素材的其他信息。例如，素材的帧速率、持续时间、入点与出点、尺寸大小等媒体属性，如图 4-11 所示。

图 4-11　查看素材元数据

4.2.2 对素材重命名

　　导入到项目窗口中的素材文件，只是与其源文件建立了链接关系。对项目窗口中的素材进行重命名，可以方便在操作管理中进行识别，不会影响素材原本的文件名称。选择项目窗口中的素材对象后，单击"剪辑→重命名"命令或按 Enter 键，在素材名称变为可编辑状态时，输入新的名称即可，如图 4-12 所示。

图 4-12　对素材进行重命名

　　加入到序列中的素材，将成为一个素材剪辑，与项目窗口中的素材处于链接关系；加入到序列中的素材剪辑，将以当时该素材在项目窗口中的名称显示剪辑名称；对素材进行重命名后，之前加入到序列中的素材剪辑不会因为素材名称的修改而自动更新，如图 4-13 所示。

重命名之前加
入的素材

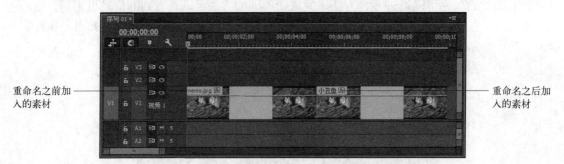

重命名之后加
入的素材

图 4-13　重命名后加入的素材剪辑

　　选择时间轴窗口中的素材剪辑后，单击"剪辑→重命名"命令，在弹出的"重命名剪辑"对话框中，可以为该素材剪辑单独重命名，在进行序列内容编辑时可以更方便将对象区分；同样，对素材剪辑的重命名也不会对项目窗口中的源素材产生影响，如图 4-14 所示。

图 4-14　"重命名剪辑"对话框

4.2.3 自定义素材标签颜色

　　默认情况下，程序会根据素材的媒体类型在项目窗口中为其应用对应的标签颜色，以方便直观地区别素材类型。不过，程序也允许用户根据实际需要重新指定素材的标签颜色：在素材对象上单击鼠标右键，在弹出的命令选单中展开"标签"子菜单并选择需要的颜色，即可为所选素材应用新的标签颜色，如图 4-15 所示。

图 4-15　修改素材的标签颜色

4.2.4　新建素材箱对素材进行分类存放

在大型的影视编辑项目中，通常会导入大量的素材文件，在查找选用时就会很不方便。通过在项目窗口中新建素材箱，并按照一定的规则为素材箱进行命名，例如按素材类型、按所应用的序列等方式，将素材科学合理地进行分类存放，可以更方便在编辑工作时选择使用。

单击项目窗口下方工具栏中的"新建素材箱"按钮，在项目窗口中创建素材箱，为素材箱设置合适的名称后，将需要移入其中的素材按住并拖动到素材箱图标上即可，如图 4-16 所示。

图 4-16　通过新建素材箱管理素材

双击素材箱对象，可以打开其内容窗口，可在其中执行新建项目、导入或创建新素材箱的操作。在素材箱的工作窗口中单击搜索栏上方的　按钮，可以返回到上一级文件夹如图 4-17 所示。

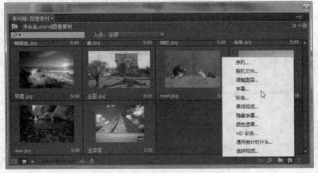

图 4-17　打开的素材箱

4.3 素材的设置与编辑

素材的设置与编辑包括素材的速度与持续时间、修剪素材的持续时间、在源监视器窗口中修剪素材的持续时间、在节目监视器中编辑素材等。

4.3.1 设置素材的速度与持续时间

对素材持续时间与播放速度的设置，包括对项目窗口中的素材文件与对时间轴窗口中的素材剪辑的不同处理。静态图像素材不存在播放速度的问题，但可以在项目窗口中修改其默认的素材持续时间，使每次加入到时间轴窗口中时都应用新的持续时间，而且在视频轨道中也可以自由延长或缩短其持续时间。对于视频、音频、序列图像等素材文件，它们都具有自身本来的播放速度与持续时间，修改其播放速度后，就会改变其在加入到序列中以后的持续时间，并产生快镜头或慢镜头播放的变化效果。

1. 修改项目窗口中素材的速度与持续时间

在项目窗口中选择需要修改速度与持续时间的素材剪辑后，单击"剪辑→速度/持续时间"命令，在打开的"剪辑速度/持续时间"对话框中，显示了在原本 100%播放速度状态下的素材持续时间，可以通过输入新的百分比数值或调整持续时间数值，修改所选素材对象的默认持续时间，如图 4-18 所示。

 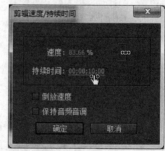

图 4-18　修改素材速度与持续时间

- 倒放速度：勾选该复选框，可以在执行调整后，使素材剪辑反向播放。
- 保持音频音调：勾选该复选框，可以使素材中的音频内容在播放速度改变后，只改变速度，而不改变音调。

同样，该素材文件在修改播放速度与持续时间之前加入到序列中的素材剪辑不受影响，修改后加入到序列中的素材剪辑将应用新的播放速度与持续时间，轨道中的素材剪辑也将显示新的播放速率百分比，如图 4-19 所示。

图 4-19　修改素材文件速度与持续时间前后对比

2. 修改序列中素材剪辑的速度与持续时间

对于时间轴窗口轨道中的素材剪辑，修改其播放速度与持续时间，只影响该素材剪辑在序列合成中的存在时间，不会影响其在项目窗口中的源素材，也不会影响该源素材文件加入到序列中生成的其他相同内容的素材剪辑。

选择轨道中的素材剪辑并执行"剪辑→速度/持续时间"命令，或直接在该素材剪辑上单击鼠标右键并选择"剪辑→速度/持续时间"命令，即可在打开的"剪辑速度/持续时间"对话框中，对所选素材剪辑的播放速度与持续时间进行修剪，如图4-20所示。

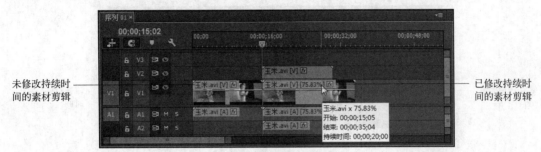

图4-20　修改素材剪辑的播放速度与持续时间

3. 使用比率伸缩工具调整素材的速度与持续时间

在工具面板中选择比率伸缩工具 后，将鼠标移动到轨道中素材剪辑的开始或结束位置，在鼠标指针改变为 或 形状时，按住鼠标并左右移动，将素材剪辑拖拽到需要的持续时间长度后释放鼠标，即可完成对素材剪辑的播放速率的调整，如图4-21所示。

图4-21　使用比率伸缩工具调整素材剪辑的播放速度与持续时间

4.3.2　修剪素材剪辑的持续时间

对序列中素材剪辑的修剪操作，大部分情况下都是使用选择工具直接在时间轴窗口中进行的，相比在修剪监视器窗口中进行的修剪处理更加方便直观。

1. 修剪静态图像素材的持续时间

静态图像素材没有播放速度的属性，在加入到时间轴窗口中后，可以自由调整其时间位置与持续时间。将鼠标移动到视频轨道中的图像素材剪辑中间位置，然后按住鼠标并左右拖动，可以整体移动其在轨道中的时间位置。在移动的同时，弹出的提示框将显示时间位置的变化量，如图4-22所示。

将鼠标移动到图像素材剪辑的开始或结束位置，在鼠标光标变为 或 形状时，按住并拖动鼠标，即可改变素材剪辑在轨道中的入点或出点位置，进而改变素材剪辑的持续时间，如图4-23所示。

向前移动了 1 秒 15 帧

图 4-22　移动素材剪辑的时间位置

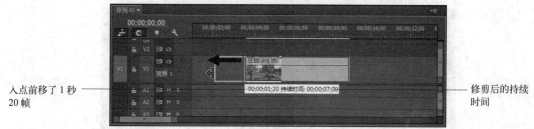

入点前移了 1 秒 20 帧

修剪后的持续时间

图 4-23　移动素材剪辑的入点位置

2. 修剪动态素材剪辑的持续时间

动态素材剪辑是指视频、音频、序列图像动画等具有自身原有持续时间与播放速度的素材剪辑，使用选择工具不能调整其播放速度，所以只能对其进行不超过原有时间长度的调整，通常是向内移动其入点或出点来修剪出需要显示的内容片断，如图 4-24 所示。

达到修剪长度限制的提示

图 4-24　修剪动态素材剪辑的持续时间

4.3.3　在源监视器窗口中修剪素材的持续时间

源监视器窗口用于查看或播放预览素材的原始内容，对打开的素材或剪辑进行入点、出点的设置，以及将素材以需要的方式加入到序列合成中，如图 4-25 所示。

当前预览对象

选择缩放级别

当前预览时间

选择回放分辨率

素材持续时间

图 4-25　源监视器窗口

1. 修改项目窗口中素材的持续时间

在项目窗口中双击素材对象，在源监视器窗口中将其打开，单击工具栏中的"标记入点"按钮 ▮▮▮▮，将源监视器窗口中时间指针的目前位置标记为素材的入点。单击"标记出点"按钮 ▮▮▮▮，将时间指针的目前位置标记为素材的出点。为素材标记了新的入点和出点后，再加入到序列中时，将只显示标记的入点到出点之间的范围。

将鼠标移动到源监视器窗口中时间标尺上的入点或出点上，在鼠标光标改变形状后按住并向前或向后拖动，可以改变素材入点或出点的位置，如图 4-26 所示。

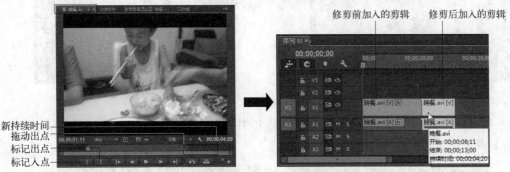

图 4-26 在源监视器窗口中修改素材的持续时间

2. 修改时间轴窗口中剪辑的持续时间

双击时间轴窗口中的素材剪辑，可以在源监视器窗口中打开该剪辑，此时用同样的方法调整入点或出点的位置，可以修改该剪辑在时间轴窗口中的持续时间，并不会影响项目窗口中该剪辑原始素材的持续时间，如图 4-27 所示。

图 4-27 在源监视器窗口中修改剪辑的持续时间

4.3.4 在节目监视器窗口中编辑素材

在节目监视器窗口中，可以使用鼠标直接对素材剪辑的图像进行移动位置、缩放大小以及旋转角度的编辑操作，与在效果控件面板中对素材剪辑的"运动"选项进行调整的效果相同。

🐭 **上机实战** 在节目监视器窗口中编辑素材剪辑

1 将导入的图像素材加入到时间轴窗口的视频轨道中后，在节目监视器窗口中单击"选择缩放级别"下拉按钮，设置监视器窗口的图像显示比例为可以完整显示出图像原本大小的比例，如图 4-28 所示。

2 在节目监视器窗口中双击素材图像,进入其对象编辑状态,图像边缘将显示控制边框,如图4-29所示。

图4-28 选择显示比例　　　　　　　　　　图4-29 开启对象编辑状态

3 在素材剪辑的控制框范围内按住鼠标左键并拖动,即可将素材图像移动到需要的位置,如图4-30所示。

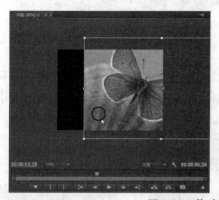

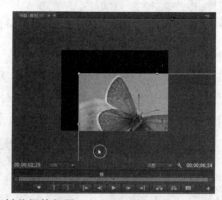

图4-30 移动素材剪辑的位置

4 将鼠标移动到素材图像边框的控制点上,在鼠标的光标改变形状后按住并拖动,即可对素材图像的尺寸进行缩放,如图4-31所示。

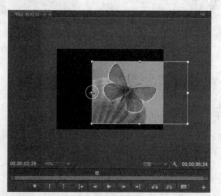

图4-31 缩放图像大小

5 在效果控制面板中展开该素材剪辑的"运动"选项组,取消对"缩放"选项中"等比缩放"复选框的勾选后,在节目监视器窗口中可以用鼠标对素材图像的宽度或高度进行单独的调整，如图 4-32 所示。

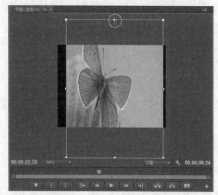

图 4-32　调整素材图像的宽度或高度

6　将鼠标移动到素材图像边框控制点的外侧，在鼠标的光标改变形状后按住并拖动，可以对素材图像进行旋转调整，如图 4-33 所示。

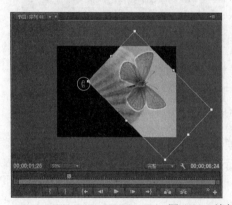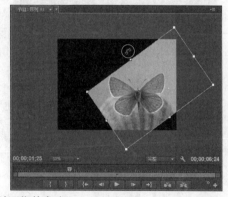

图 4-33　旋转素材图像的角度

4.3.5　使用工具编辑素材剪辑

在工具面板中提供了多个专门用于对时间轴窗口中的素材剪辑进行编辑调整的工具，尤其是在轨道中有多个相邻素材剪辑时，使用相应的工具调整位置和持续时间会更加方便。

- 轨道选择工具：使用"选择工具"，可以通过按住 Shift 键的同时选择轨道中的素材剪辑来选择多个不同位置的剪辑对象；选择"轨道选择工具"后在时间轴窗口的轨道中单击鼠标左键，可以选中所有轨道中在鼠标单击位置及以后的素材剪辑，如图 4-34 所示。

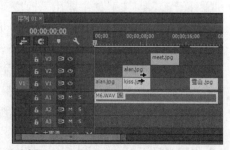

图 4-34　使用轨道选择工具

- ■波纹编辑工具：使用该工具，可以拖动素材剪辑的出点以改变剪辑的长度，使相邻素材剪辑的长度不变，项目片段的总长度改变，如图 4-35 所示。

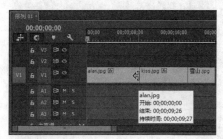

图 4-35　使用波纹编辑工具

- ■滚动编辑工具：使用该工具在需要修剪的素材剪辑边缘拖动，可以将增加到该剪辑的帧数从相邻的素材中减去，项目片段的总长度不发生改变，如图 4-36 所示。

图 4-36　使用滚动编辑工具

- ■剃刀工具：选择剃刀工具后，在素材剪辑上需要分割的位置单击，可以将素材分为两段，然后根据需要对分割出来的剪辑进行移动、修剪或删除等操作，如图 4-37 所示。

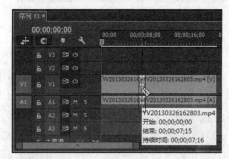

图 4-37　使用剃刀工具

- ■外滑工具：该工具主要用于改变动态素材剪辑的入点和出点，保持其在轨道中的长度不变，不影响相邻的其他素材，但其在序列中的开始画面和结束画面发生相应改变。选择该工具后，在轨道中的动态素材上按住并向左或向右拖动，可以使其在影片序列中的视频入点与出点向前或向后调整。同时，在节目监视器窗口中也将同步显示对其入点与出点的修剪变化，如图 4-38 所示。
- ■内滑工具：使用该工具可以保持当前操作素材剪辑的入点与出点不变，改变其在时间线窗口中的位置，同时调整相邻素材的入点和出点。同时，在节目监视器窗口中也将同步显示对其入点与出点的修剪变化，如图 4-39 所示。

图 4-38　使用外滑工具

图 4-39　使用内滑工具

4.3.6　编辑原始素材

Premiere Pro CC 是一款专业的影视后期编辑软件，主要通过合成多种类型的媒体素材，通过对它们进行时间位置、层次顺序的编排和特效的添加设置来编辑制作影片项目，它并不具备各种媒体素材原本属性的专业处理功能。

例如，在 Premiere Pro 中编辑的字幕效果，只能引用一些基本的效果样式，不能进行变形、引用滤镜等图像处理，而使用 Adobe Photoshop 则可以编辑出效果多样、造型美观的文字效果，生成的 PSD 图像文件可以直接导入到 Premiere Pro CC 中使用，Photoshop 也就成为了制作影片标题文字的最佳助手。Premiere Pro CC 也不具备专业的矢量图形编辑功能，同样也可以与 Adobe Illustrator 这款专业的矢量绘图软件相配合，编辑出美观的矢量造型图像导入到 Premiere Pro CC 中使用。

在影片编辑过程中，如果需要对这些素材剪辑进行修改处理，可以通过单击"编辑→编辑原始"命令，启动系统中与该类型文件相关联的默认程序进行编辑，随时根据需要调整素材剪辑的图像效果。例如，对于 PSD 图像素材剪辑，在对其执行"编辑原始"命令后，即可启动 Photoshop 程序来进行修改编辑，调整好需要的效果后执行保存并退出，即可在影片项目中应用新的图像效果，如图 4-40、图 4-41 所示。

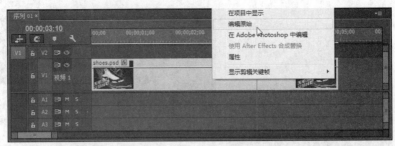

图 4-40 选择"编辑原始"命令

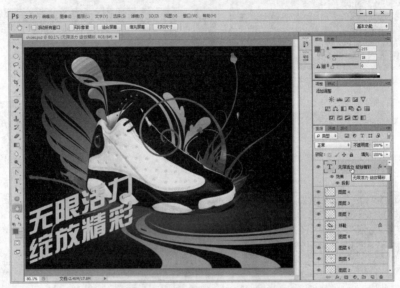

图 4-41 编辑 PSD 原始图像

4.4 习题

填空题

(1) 在导入 PSD 分层文件时, 在"导入分层文件"对话框中设置导入方式为_____, 可以将勾选保留的图层合并在一起并导入到项目窗口中。

(2) 在工具面板中选择_____工具后, 在时间轴窗口的轨道中用鼠标按住并拖动素材剪辑的入点或出点到需要的持续时间长度后释放鼠标, 即可完成对素材剪辑的播放速率的调整。

(3) 在工具面板中选择_____工具, 可以拖动素材剪辑的出点以改变剪辑的长度, 使相邻素材剪辑的长度不变, 项目片段的总长度改变。

(4) 在工具面板中选择_____工具, 在时间轴窗口的轨道中需要修剪的素材剪辑边缘拖动, 可以将增加到该剪辑的帧数从相邻的素材中减去, 项目片段的总长度不发生改变。

(5) 使用_____工具, 在素材剪辑的相邻位置按住并拖动, 可以保持当前所操作素材剪辑的入点与出点不变, 改变其在时间线窗口中的位置, 同时调整相邻素材的入点和出点。同时, 在节目监视器窗口中也将同步显示对其入点与出点的修剪变化。

第 5 章 关键帧动画的编辑

学习要点

➤ 理解关键帧动画的工作原理
➤ 掌握创建和编辑关键帧动画的两种常用方法
➤ 掌握创建和设置位移动画、缩放动画、旋转动画以及不透明度动画的操作方法

5.1 关键帧动画的创建与设置

关键帧动画的概念来源于早期的卡通动画影片工业。动画设计师在故事脚本的基础上，绘制好动画影片中的关键画面，然后由工作室中的助手来完成关键画面之间连续内容的绘制，再将这些连贯起来的画面拍摄成一帧帧的胶片，在放映机上按一定的速度播放出这些连贯的胶片，就形成了动画影片。而这些关键画面的胶片，就称为关键帧。

在 Premiere Pro CC 中编辑的关键帧动画也是同样的原理：为素材剪辑的动画属性（例如，位置、缩放、旋转、不透明度、音量、特效选项等）在不同时间位置建立关键帧，并在这些关键帧上设置不同的参数，Premiere Pro CC 就可以自动计算并在两个关键帧之间插入逐渐变化的画面来产生动画效果。

5.1.1 在效果控件面板中创建与编辑关键帧

通过效果控件面板创建关键帧动画，可以更准确地设置关键帧上的选项参数，它是在 Premiere Pro CC 中创建关键帧动画时最常用的方法。

上机实战 在效果控件面板中创建与编辑关键帧

1 选择时间轴窗口中需要编辑关键帧动画的素材剪辑后，打开效果控件面板，将时间指针定位在开始位置，然后单击需要创建动画效果的属性选项前面的"切换动画"按钮，例如，"位置"选项，在该时间位置创建关键帧，如图 5-1 所示。

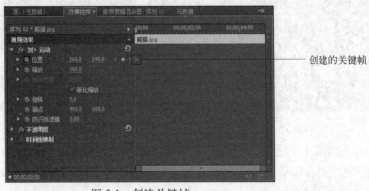

图 5-1 创建关键帧

2 将时间指针移动到新的位置后，单击"添加/移除关键帧"按钮◇，即可在该位置添加一个新的关键帧。在该关键帧上修改"位置"选项的数值，即可为素材剪辑在上一个关键帧与当前关键帧之间创建位置移动动画效果，如图 5-2 所示。

图 5-2　创建关键帧并修改参数值

3 在当前选项的"切换动画"按钮处于 状态时，在将时间指针移动到新的位置后，直接修改当前选项的数值，即可在该时间位置创建包含新参数值的关键帧，如图 5-3 所示。

图 5-3　修改数值并创建关键帧

4 在创建了多个关键帧以后，单击当前选项后面的"转到上一关键帧"按钮◀或"转到下一关键帧"按钮▶，可以快速将时间指针移动到上一个或下一个关键帧的位置，然后根据需要修改该关键帧的参数值，对关键帧动画效果进行调整，如图 5-4 所示。

图 5-4　选择关键帧

5 直接用鼠标选择或框选一个或多个关键帧后（被选中的关键帧将以黄色图标显示），用鼠标按住并左右拖动，可以改变关键帧的时间位置，进而改变动画的快慢效果，如图 5-5 所示。

图 5-5 移动关键帧

改变关键帧之间的距离，可以修改运动变化的时间长短。保持关键帧上的参数值不变，缩短关键帧之间的距离，可以加快运动变化的速度；延长关键帧之间的距离，可以减慢运动变化的速度。

6 将时间指针移动到一个关键帧上以后，单击"添加/移除关键帧"按钮，可以删除该关键帧，如图 5-6 所示。

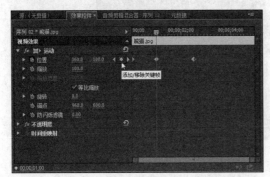

图 5-6 删除关键帧

7 直接用鼠标选择或框选需要删除的一个或多个关键帧后，可以按 Delete 键直接将其删除，如图 5-7 所示。

图 5-7 删除关键帧

8 在为选项创建了关键帧后，单击选项名称前面的"切换动画"按钮，在弹出的对话框中单击"确定"按钮，即可删除设置的所有关键帧，取消对该选项编辑的动画效果，并且以时间指针当前所在位置的参数值，作为取消关键帧动画后的选项参数值，如图 5-8 所示。

图 5-8　取消关键帧动画

5.1.2　在轨道中创建与编辑关键帧

要在轨道中为素材剪辑添加关键帧动画效果，首先需要显示关键帧控制线：单击时间轴窗口顶部的"时间轴显示设置"按钮 🔧，在弹出的菜单中选择"显示视频关键帧"或"显示音频关键帧"命令，即可在展开轨道的状态下，在轨道中的素材剪辑上显示对应的关键帧控制线，如图 5-9 所示。

图 5-9　显示出素材剪辑的关键帧控制线

单击素材剪辑上名称后面的 🛠（效果）图标，在弹出的列表中可以选择切换当前控制线显示的效果属性，如图 5-10 所示。不同效果属性的关键帧控制线，在素材剪辑中有默认的对应显示高度。

图 5-10　切换关键帧控制线所显示的效果属性

选择素材剪辑后，将时间指针移动到需要添加关键帧的位置，然后单击轨道头中的"添加/移除关键帧"按钮 ◆，可以在此位置添加一个关键帧，如图 5-11 所示。

在添加了关键帧以后，可以配合使用效果控件面板，对所选效果属性的关键帧参数值进行设置。在轨道中按住鼠标左键并左右拖动素材剪辑上的关键帧，可以改变关键帧的时间位置，如图 5-12 所示。

图 5-11 添加的关键帧

图 5-12 移动关键帧的时间位置

大部分效果属性的关键帧（如缩放、旋转、不透明度等），可以通过按住鼠标右键并上下拖动来改变该关键帧的参数值，进而创建不同关键帧上的参数变化所生成的动画效果，如图 5-13 所示。不过用鼠标拖动来改变参数值的操作通常不够精确，为了得到准确的动画效果，最好还是通过效果控件面板对关键帧的参数值进行设置。

图 5-13 调整关键帧参数值

通过轨道头中的"添加/移除关键帧"按钮◆或直接选择并按 Delete 键，可以对不再需要的关键帧进行删除操作。

5.2 编辑各种动画效果

在了解并掌握了关键帧动画的创建与设置方法后，下面介绍各种运动类型的动画编辑方法。

5.2.1 编辑位移动画

对象位置的移动动画是基本的动画效果，可以通过在效果控件面板中为"位置"选项在不同位置创建关键帧并修改参数值来创建。在实际工作中，在节目监视器窗口中编辑位移动画的运动路径会更加方便直观。

![上机实战] **位移动画的创建与调整**

1 在项目窗口中单击鼠标右键并选择"新建项目→序列"命令，新建一个 DV NTSC 制式的合成序列，如图 5-14 所示。

2 在项目窗口中的空白处双击鼠标左键，打开"导入"对话框，选择准备的"butterfly.psd"和"flower.jpg"素材文件，然后单击"打开"按钮，在弹出的"导入分层文件"对话框中，设置导入 PSD 文件的方式为"合并所有图层"，如图 5-15 所示。

图 5-14　新建合成序列

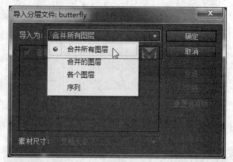

图 5-15　导入素材文件

3 将两个图像素材加入到视频 1 轨道中，并延长它们的持续时间到 10 秒的位置，如图 5-16 所示。

图 5-16　加入素材并延长持续时间

4 在节目监视器窗口中双击蝴蝶图像，进入其编辑状态后，将其等比缩小到合适的大小，如图 5-17 所示。

5 在时间轴窗口中将时间指针移动到开始位置。在节目监视器窗口中，将蝴蝶图像移动到画面左侧靠下的位置，如图 5-18 所示。

6 打开效果控件面板并展开"运动"选项，按下"位置"选项前的"切换动画"按钮 ，在合成开始的位置创建关键帧，如图 5-19 所示。

图 5-17 缩小蝴蝶图像

图 5-18 定位剪辑图像 图 5-19 创建关键帧

7 将时间指针移动到 3 秒的位置，在节目监视器窗口中按住并拖动蝴蝶图像到画面左上角的位置。Premiere Pro CC 将自动在效果控件面板中 3 秒的位置添加一个关键帧，如图 5-20 所示。

图 5-20 移动剪辑并添加关键帧

8 用同样的方法，在第 5 秒、第 8 秒、结束的位置添加关键帧，为蝴蝶图像创建移动到画面中下部、右上方、右侧外的动画，如图 5-21 所示。

9 在时间轴窗口中拖动时间指针或按空格键，可以预览目前编辑完成的位移动画效果。接下来对蝴蝶图像的位移路径进行调整，使位移动画有更多的变化。将鼠标移动到运动路径中第 5 秒关键帧左侧的控制点上，在鼠标指针改变形状后，按住鼠标左键并向左拖动一定距离，即可改变两个关键帧之间的位移路径曲线，如图 5-22 所示。

图 5-21 编辑位移动画

图 5-22 调整运动路径

10 将鼠标指针移动到运动路径中第 5 秒关键帧上，在鼠标指针改变形状后，按住鼠标左键并向上拖动一定距离，可以改变该关键帧前后的位移路径曲线，如图 5-23 所示。

图 5-23 移动关键帧位置

11 根据需要将蝴蝶图像的运动路径调整好后，为了使其飞舞的动画更逼真，可以对其在画面中的旋转角度进行适当的调整，如图 5-24 所示。

图 5-24 调整运动曲线和图像角度

12 编辑好需要的位移动画效果后，按"Ctrl+S"键保存项目文件。

5.2.2 编辑缩放动画

下面利用上一实例的项目文件，在位移动画的基础上编辑缩放动画，制作蝴蝶在花丛画面中飞远变小、飞近变大的动画。

上机实战　缩放动画的创建与编辑

1　在时间轴窗口中将时间指针移动到开始位置。打开效果控件面板，按下"缩放"选项前的"切换动画"按钮创建关键帧，并将该关键帧的参数值设置为 50%，如图 5-25 所示。

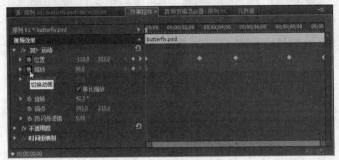

图 5-25　创建缩放关键帧

2　按下"位置"选项后面的"转到下一关键帧"按钮，快速将时间指针定位到第 3 秒的位置，然后将"缩放"选项的参数值修改为 40.0，在该位置添加一个关键帧，如图 5-26 所示。

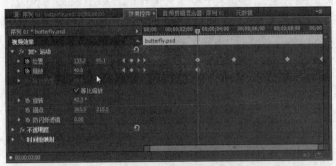

图 5-26　添加关键帧

3　使用同样的方法，为"缩放"选项添加新的关键帧并修改参数值，编辑出缩放变化的动画，如图 5-27 所示。

		00:00:05:00	00:00:08:00	00:00:09:29
	缩放	65%	40%	50%

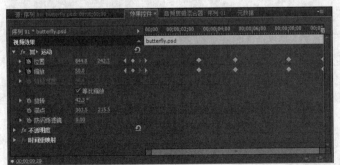

图 5-27　添加关键帧并设置参数

4　在时间轴窗口中拖动时间指针或按空格键，预览编辑完成的位移和缩放动画效果，

如图 5-28 所示。编辑好需要的位移动画效果后，按"Ctrl+S"键保存项目文件。

图 5-28　预览缩放动画

5.2.3　编辑旋转动画

在上面实例的动画中，蝴蝶的飞舞并没有随着运动路径的变化而改变。下面为其创建旋转动画，使蝴蝶在画面中的飞舞动画更逼真。

上机实战　旋转动画的创建与编辑

1　在时间轴窗口中将时间指针移动到开始位置。打开效果控件面板，按下"旋转"选项前的"切换动画"按钮🔘创建关键帧，并将该关键帧的参数值设置为 30.0°，如图 5-29 所示。

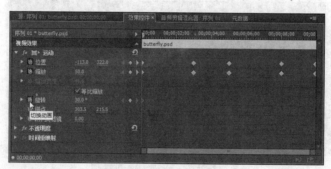

图 5-29　创建旋转关键帧

2　将时间指针定位到第 3 秒的位置，在节目监视器窗口中双击蝴蝶图像，进入其编辑状态后，参考位移动画运动路径的方向，对蝴蝶图像的旋转角度进行适当调整，如图 5-30 所示。

图 5-30　添加关键帧并旋转图像

3　将时间指针移动到第 4 秒的位置，在节目监视器窗口中参考运动路径的方向，对蝴蝶图像的旋转角度进行调整，如图 5-31 所示。

4　将时间指针移动到第 5 秒的位置，在节目监视器窗口中参考运动路径的方向，调整蝴蝶图像的旋转角度，如图 5-32 所示

图 5-31　添加关键帧并旋转图像

图 5-32　添加关键帧并旋转图像

　　5　将时间指针移动到"00;00;06;15"的位置，在节目监视器窗口中对蝴蝶图像的旋转角度进行调整，如图 5-33 所示。

图 5-33　添加关键帧并旋转图像

　　6　将时间指针移动到"00;00;09;29"的位置，在节目监视器窗口中对蝴蝶图像的旋转角度进行调整，如图 5-34 所示。

图 5-34　添加关键帧并旋转图像

7 在时间轴窗口中拖动时间指针或按空格键，预览编辑完成的蝴蝶飞舞动画效果，如图 5-35 所示。编辑好需要的位移动画效果后，按"Ctrl+S"键保存项目文件。

图 5-35　预览动画效果

5.2.4　编辑不透明度动画

为影像剪辑编辑不透明度动画，可以制作图像在影片中显示或消失、渐隐渐现的动画效果。在实际编辑工作中，常常用于编辑图像的淡入或淡出效果，使图像画面的显示过渡得更自然。下面继续利用上面编辑的实例文件，编辑蝴蝶图像在飞入时逐渐显现、飞出时逐渐消失的动画效果。

上机实战　不透明度动画的编辑

1 在效果控制面板中将时间指针定位在开始的位置，然后展开"不透明度"选项组，默认情况下，"不透明度"选项前面的"切换动画"按钮处于按下状态。直接单击"添加/移除关键帧"按钮，即可在当前时间位置添加一个关键帧。

2 将时间指针分别移动到第 2 秒、第 8 秒和结束位置，在这些位置添加关键帧，如图 5-36 所示。

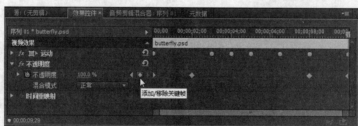

图 5-36　添加关键帧

3 分别将开始和结束位置的关键帧的"不透明度"参数值修改为 0.0%，如图 5-37 所示。

图 5-37　修改"不透明度"参数值

4 在时间轴窗口中拖动时间指针或按空格键，预览编辑完成的蝴蝶飞舞动画效果，如图 5-38 所示。编辑好需要的位移动画效果后，按"Ctrl+S"键保存项目文件。

图 5-38 预览不透明度动画效果

5.3 习题

1. 填空题

（1）在效果控件面板中，单击需要创建动画效果的属性选项前面的＿＿＿＿＿＿按钮，即可为该属性在当前时间位置创建关键帧。

（2）单击时间轴窗口顶部的"时间轴显示设置"按钮，在弹出的菜单中选择＿＿＿＿＿命令，即可在展开的视频轨道中的素材剪辑上显示出对应属性的关键帧控制线。

（3）保持两个相邻关键帧上的参数值不变，向后拖动第二个关键帧的位置，可以＿＿＿＿该属性选项的运动变化速度。

2. 上机实训

利用配套光盘中本章素材文件夹中准备的素材，编辑篮球逐渐向远处跳动、旋转，最后在地板上滚动到停止的动画效果，如图 5-39 所示。

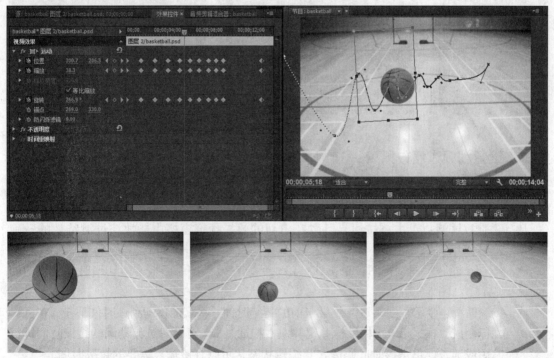

图 5-39

第 6 章　视频过渡效果详解

 学习要点

➢ 掌握为时间轴窗口中的素材剪辑添加视频过渡效果的方法
➢ 掌握在效果控件面板中对视频过渡效果进行设置的方法
➢ 熟悉 Premiere Pro CC 中所有视频过渡特效的应用效果

6.1　添加与设置视频过渡效果

视频过渡效果是指添加在序列中的素材剪辑的开始、结束位置，或素材剪辑之间的特效动画，可以使素材剪辑在影片中的出现或消失、素材影像间的切换变得平滑流畅。

6.1.1　添加视频过渡效果

在效果面板中展开"视频过渡"文件夹并打开视频过渡类型文件夹，然后将选择的视频过渡效果拖动到时间轴窗口中素材的头尾或相邻素材间相接的位置即可，如图 6-1 所示。

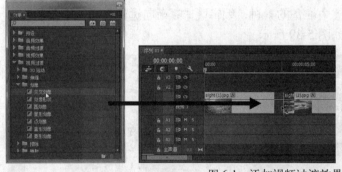

图 6-1　添加视频过渡效果

6.1.2　设置视频过渡效果

在添加了视频过渡特效后，打开效果控件面板，可以对视频过渡的应用效果进行设置，如图 6-2 所示。

- ▶播放过渡：单击该按钮，可以在下面的效果预览窗格中播放该过渡特效的动画效果。
- ▶显示/隐藏时间轴视图：单击该按钮，可以在效果控件面板右边切换时间轴视图的显示，如图 6-3 所示。
- 持续时间：显示了视频过渡效果当前的持续时间。将鼠标移动到该时间码上，在鼠标光标变成 样式后，按住鼠标左键并左右拖动鼠标，可以对过渡动画的持续时间进行缩短或延长。单击该时间码进入其编辑状态，可以直接输入需要的持续时间。

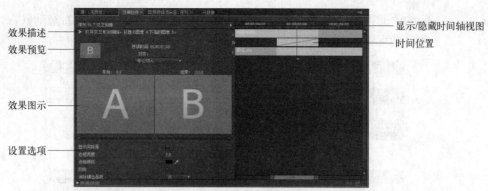

图 6-2　视频过渡效果设置

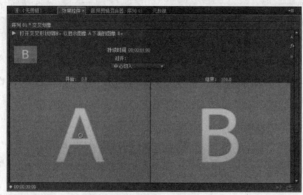

图 6-3　隐藏时间轴视图

 在时间轴窗口中素材剪辑上添加的过渡效果图标上单击鼠标右键并选择"设置过渡持续时间"命令，可以在打开的对话框中快速设置过渡动画的持续时间，如图 6-4 所示。

● 对齐：在该下拉列表中可以选择过渡动画开始的时间位置，如图 6-5 所示。

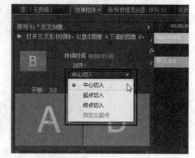

图 6-4　设置过渡持续时间　　　　　图 6-5　设置对齐方式

➢ 中心切入：过渡动画的持续时间在两个素材之间各占一半。
➢ 起点切入：在前一个素材中没有过渡动画，在后一个素材的入点位置开始。
➢ 终点切入：过渡动画全部在前一个素材的末尾。
➢ 自定义起点：将鼠标移动到时间轴视图中视频过渡效果持续时间的开始或结束位置，在鼠标光标改变形状后，按住鼠标左键并左右拖动鼠标，即可对视频过渡效果的持续时间进行自定义设置，如图 6-6 所示。将鼠标移到视频过渡效果持续时间的中间位置，在鼠标光标改变形状后，按住鼠标左键并左右拖动鼠标，可以整体移动视频过渡效果的时间位置，如图6-7所示。

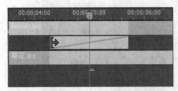 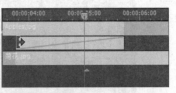

图6-6　自定义视频过渡持续时间

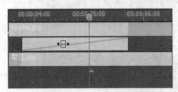 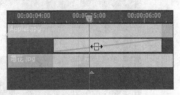

图6-7　移动视频过渡的时间位置

- 开始/结束：设置过渡效果动画进程的开始或结束位置，默认为从0开始，结束于100%的完整过程。修改数值后，可以在效果图示中查看过渡动画的开始或结束过程位置。拖动效果图示下方的滑块，可以预览当前过渡特效的动画效果，其停靠位置也可以对动画进程的开始或结束百分比位置进行定位，如图6-8所示。
- 显示实际源：勾选该选项，可以在效果预览、效果图示中查看应用该过渡效果的实际素材画面，如图6-9所示。

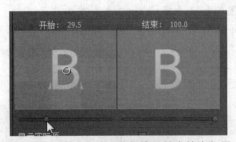 

图6-8　设置过渡动画进程的开始或结束位置　　　图6-9　显示实际源

- 边框宽度：用来设置过渡形状边缘的边框宽度，如图6-10所示。

图6-10　设置边框宽度

- 边框颜色：单击该选项后面的颜色块，在弹出的拾色器窗口中可以对过渡形状的边框颜色进行设置。单击颜色块后面的吸管图标，可以选择吸取界面中的任意颜色作为边框颜色，如图6-11所示。

图 6-11　设置边框颜色

- 反向：对视频过渡的动画过程进行反转，例如，将原本的由内向外展开，变成由外向内关闭。
- 消除锯齿品质：在该选项的下拉列表中，可以对过渡动画的形状边缘消除锯齿的品质级别进行选择。

6.1.3　替换与删除视频过渡效果

对于素材剪辑上不再需要的视频过渡效果，可以在素材剪辑上添加的过渡效果图标上单击鼠标右键并选择"清除"命令，或直接按 Delete 键删除对其的应用，如图 6-12 所示。

在需要将已经添加的一个视频过渡效果替换为其他效果时，无需将原来的过渡效果删除再添加，只需要在效果面板中选择新的视频过渡效果后，按住并拖动到时间轴窗口中，覆盖掉素材剪辑上原来的视频过渡效果即可，如图 6-13 所示。

图 6-12　清除视频过渡效果

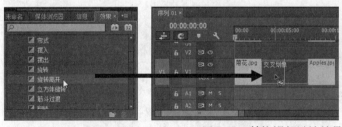

图 6-13　替换视频过渡效果

6.2　视频过渡特效分类详解

Premiere Pro CC 在效果面板中提供了 10 个大类共 70 多个过渡特效，下面分别对这些视频过渡特效的应用效果进行介绍。

6.2.1　3D 运动

3D 运动类过渡包含 10 个特效，主要是使最终展现的图像 B 以类似在三维空间中运动的形式出现并覆盖原图像 A，如图 6-14 所示。

- 向上折叠：图像 A 像纸张一样反复折叠，逐渐变小，显示出图像 B。
- 帘式：图像 A 呈掀起的门帘状态时，图像 B 随之出现。
- 摆入：图像 B 像钟摆一样摆入，逐渐遮盖住图像 A 的显示。
- 摆出：图像 B 以单边缩放的方式，逐渐遮盖图像 A。
- 旋转：图像 B 旋转出现在图像 A 上，从而遮盖住图像 A。
- 旋转离开：类似"旋转"效果，在视觉上呈现由远到近或由近到远的效果。
- 立方体旋转：将图像 B 和图像 A 作为立方体的两个相邻面，像一个立方体逐渐从一个面旋转到另一面。
- 筋斗过渡：图像 A 水平翻转并逐渐缩小、消失，图像 B 随之出现。
- 翻转：图像 A 翻转到图像 B，通过旋转的方式实现空翻的效果。
- 门：图像 B 像从两边向中间关门一样出现在图像 A 上。

图 6-14　3D 运动类过渡效果

立方体旋转

筋斗过渡

翻转

门

图 6-14   3D 运动类过渡效果（续）

6.2.2 伸缩

伸缩类过渡特效主要是将图像 B 以多种形状展开，最后覆盖图像 A，如图 6-15 所示。

● 交叉伸展：图像 B 从一边延展进入，同时图像 A 向另一边收缩消失。

● 伸展：图像 A 保持不动，图像 B 延展覆盖图像 A。

● 伸展覆盖：图像 B 从图像 A 中心线性放大，覆盖图像 A。

● 伸展进入：图像 B 从完全透明开始，以被放大的状态，逐渐缩小并变成不透明，覆盖图像 A。

图像 A

图像 B

交叉伸展

伸展

图 6-15   伸缩类过渡效果

伸展覆盖

伸展进入

图 6-15　伸缩类过渡效果（续）

6.2.3　划像

划像类过渡特效主要是将图像 B 按照不同的形状（如圆形、方形、菱形等），在图像 A 上展开，最后覆盖图像 A，如图 6-16 所示。

- 交叉划像：图像 B 以十字形在图像 A 上展开。
- 划像形状：图像 B 以锯齿形状在图像 A 上展开。
- 圆划像：图像 B 以圆形在图像 A 上展开。
- 星形划像：图像 B 以星形在图像 A 上展开。
- 点划像：图像 B 从以字母 X 字形在图像 A 上收缩覆盖。
- 盒形划像：图像 B 以正方形在图像 A 上展开。
- 菱形划像：图像 B 以菱形在图像 A 上展开。

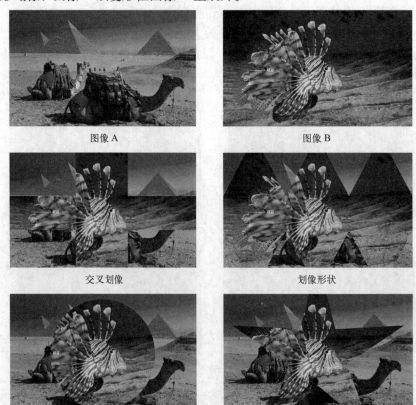

图 6-16　划像类过渡效果

点划像

盒形划像

菱形划像

图 6-16 划像类过渡效果（续）

6.2.4 擦除

擦除类过渡特效主要是将图像 B 以不同的形状、样式以及方向，通过类似橡皮擦一样的方式将图像 A 擦除来展现出图像 B，如图 6-17 所示。

- 划出：图像 B 逐渐擦除图像 A。
- 双侧平推门：图像 A 以类似开门的方式切换到图像 B。
- 带状擦除：图像 B 以水平、垂直或对角线呈条状的方式逐渐擦除图像 A。
- 径向擦除：图像 B 以斜线旋转的方式擦除图像 A。
- 插入：图像 B 呈方形从图像 A 的一角插入。
- 时钟式擦除：图像 B 以时钟转动的方式逐渐擦除图像 A。
- 棋盘：图像 B 以方格棋盘状逐渐显示。
- 棋盘擦除：图像 B 呈方块形逐渐显示并擦除图像 A。
- 楔形擦除：图像 B 从图像 A 的中心以楔形旋转划入。
- 水波纹：图像 B 以来回往复换行推进的方式擦除图像 A。
- 油漆飞溅：图像 B 以类似油漆泼洒飞溅的方式逐块显示。
- 渐变擦除：图像 B 以默认的灰度渐变形式，或依据所选择的渐变图像中的灰度变化作为渐变过渡来擦除 A。
- 百叶窗：图像 B 以百叶窗的方式逐渐展开。
- 螺旋框：图像 B 以从外向内螺旋推进的方式出现。
- 随机块：图像 B 以块状随机出现擦除图像 A。
- 随机擦除：图像 B 沿选择的方向呈随机块擦除图像 A。
- 风车：图像 A 以风车旋转的方式被擦除，显露出图像 B。

图 6-17　擦除类过渡效果

楔形擦除 水波纹

油漆飞溅 渐变擦除

百叶窗 螺旋框

随机块 随机擦除

风车

图 6-17 擦除类过渡效果（续）

6.2.5 映射

映射类过渡特效主要是将图像的亮度或者通道映射到另一副图像，产生两个图像中的亮度或色彩混合的静态图像效果。

- 通道映射：从图像 A 中选择通道并映射到图像 B，得到两个图像中色彩通道混合的效果。在将该过渡效果添加到两个素材剪辑之间后，在弹出的"通道映射设置"对话框中，分别选择图像 A 要映射到图像 B 对应通道来进行运算的色彩通道；勾选"反转"选项，可以对该通道的擦除方式进行反转，如图 6-18 所示。

图 6-18 "通道映射设置"对话框

设置好需要的通道映射方式后，单击"确定"按钮，即可对应用的素材剪辑执行过渡特效，如图 6-19 所示。

图像 A   图像 B   效果

图 6-19 通道映射

- 明亮度映射：将图像 A 中像素的亮度值映射到图像 B，产生像素的亮度混合效果，如图 6-20 所示。

图像 A   图像 B   效果

图 6-20 明亮度映射

6.2.6 溶解

溶解类过渡特效主要是在两个图像切换的中间产生软性、平滑的淡入淡出的效果，如图 6-21 所示。

- 交叉溶解：图像 A 与图像 B 同时淡化溶合。
- 叠加溶解：图像 A 和图像 B 进行亮度叠加的图像溶合。
- 抖动溶解：图像 A 以颗粒点状的形式逐渐淡化到图像 B。

- 渐隐为白色：图像 A 先淡出到白色背景中，再淡入显示出图像 B。
- 渐隐为黑色：图像 A 先淡出到黑色背景中，再淡入显示出图像 B。
- 胶片溶解：图像 A 逐渐变色为胶片反色效果并逐渐消失，同时图像 B 也由胶片反色效果逐渐显现并恢复正常色彩。
- 随机反转：图像 A 先以随机方块的形式逐渐反转色彩，再以随机方块的形式逐渐消失，最后显现出图像 B。
- 非附加溶解：将图像 A 中的高亮像素溶入图像 B，排除两个图像中相同的色调，显示出高反差的静态合成图像。

图 6-21　溶解类过渡效果

随机反转

非附加溶解

图 6-21　溶解类过渡效果（续）

6.2.7　滑动

　　滑动类过渡特效主要是将图像 B 分割成带状、方块状的形式，滑动到图像 A 上并覆盖，如图 6-22 所示。

- 中心合并：图像 A 分裂成四块并向中心合并直至消失。
- 中心拆分：图像 A 从中心分裂并滑开显示出图像 B。
- 互换：图像 B 与图像 A 前后交换位置。
- 多旋转：图像 B 被划分成多个方块形状，由小到大旋转出现，最后拼接成图像 B 并覆盖图像 A。
- 带状滑行：图像 B 以间隔的带状推入，逐渐覆盖图像 A。
- 拆分：图像 A 向两侧分裂，显示出图像 B。
- 推：图像 B 推走图像 A。
- 斜线滑动：图像 B 以斜向的自由线条方式划入图像 A。
- 旋绕：图像 B 从旋转的方块中旋转出现。
- 滑动：此过渡特效的效果类似幻灯片的播放，图像 A 不动，图像 B 滑入覆盖图像 A。
- 滑动带：图像 B 在水平或垂直方向从窄到宽的条形中逐渐显露出来。
- 滑动框：类似于"滑动带"效果，但是条形比较宽而且均匀。

图像 A

图像 B

中心合并

中心拆分

图 6-22　滑动类过渡效果

图 6-22 滑动类过渡效果（续）

6.2.8 特殊效果

特殊类过渡特效主要是利用通道、遮罩以及纹理的合成作用来实现特殊的过渡效果。

- 三维：将图像 A 映像到图像 B 的红色和蓝色通道中，形成混合效果，如图 6-23 所示。

图像 A　　　　　　　　　图像 B　　　　　　　　　效果

图 6-23　三维

- 纹理化：将图像 A 映射到图像 B 上，如图 6-24 所示。

图像 A　　　　　　　　　图像 B　　　　　　　　　效果

图 6-24　纹理化

- 置换：将图像 A 的 RGB 通道像素作为图像 B 的置换贴图，如图 6-25 所示。

图像 A　　　　　　　　　图像 B　　　　　　　　　效果

图 6-25　置换

6.2.9 缩放

缩放类过渡特效主要是将图像 A 或图像 B，以不同的形状和方式缩小消失、放大出现或者二者交替，以达到图像 B 覆盖图像 A 的目的，如图 6-26 所示。

- 缩放轨迹：图像 A 以拖尾缩小的形式切换出图像 B。
- 缩放框：图像 B 以多个方块的形式从图像 A 上放大出现。

- 缩放：图像 B 从图像 A 的中心放大出现。
- 交叉缩放：图像 A 放大到撑出画面，然后切换到放大同样比例的图像 B，图像 B 再逐渐缩小到正常比例。

图 6-26　缩放类过渡效果

6.2.10　页面剥落

页面剥落类过渡特效主要是使图像 A 以各种卷页的动作形式消失，最后显示出图像 B，如图 6-27 所示。

- 中心剥落：图像 A 从中心向四角卷曲，卷曲完成后显示出图像 B。
- 剥开背面：图像 A 由中心分四块依次向四角卷曲，显示出图像 B。
- 卷走：图像 A 以滚轴动画的方式向一边滚动卷曲，显示出图像 B。
- 翻页：图像 A 以页角对折形式消失，显示出图像 B。在卷起时，背景是图像 A。
- 页面剥落：类似"翻页"的对折效果，但卷起时背景是渐变色。

图像 A   图像 B

中心剥落   剥开背面

卷走   翻页

页面剥落

图 6-27　页面剥落类过渡效果

上机实战 　视频过渡效果综合运用——可爱的猫咪

1 　新建一个项目文件后，创建一个视频制式为 DV NTSC、帧大小为 720×480 的合成序列。

2 　按 "Ctrl+I" 快捷键，打开 "导入" 对话框，选择本书配套光盘中\Chapter 6\Media 目录下的 "cat (1).jpg" ～ "cat (15).jpg" 素材文件并导入，如图 6-28 所示。

3 　图像素材导入后，按默认的名称排列顺序，将它们全部加入到时间轴窗口中的视频 1 轨道中，如图 6-29 所示。

图 6-28　导入素材

图 6-29　加入素材

4　放大时间轴窗口中时间标尺的显示比例，在效果面板中展开"视频过渡"文件夹，选择合适的视频过渡效果，添加到时间轴窗口中素材剪辑之间的相邻位置，并在效果控件面板中对所有视频过渡效果的对齐设置为"中心切入"，如图 6-30 所示。

图 6-30　加入视频过渡效果

5　对于可以进行自定义效果设置的过渡效果，可以通过单击效果控件面板中的"自定义"按钮，打开对应的设置对话框，对该视频过渡特效的效果参数进行自定义的设置，如图 6-31 所示。

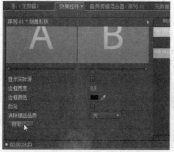
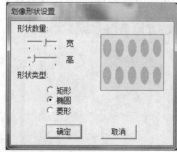

图 6-31　设置过渡效果自定义参数

6 编辑好需要的影片效果后，按 "Ctrl+S" 键保存项目文件；按空格键，预览编辑完成的影片效果，如图 6-32 所示。

图 6-32 预览影片

6.3 习题

1. 填空题

(1) 在时间轴窗口中的两个相邻剪辑之间添加视频过渡效果后，在效果控件面板中单击"对齐"下拉列表并选择_____，可以使过渡动画的持续时间在两个素材之间各占一半。

(2) 选择为素材剪辑添加的视频过渡效果后，在效果控件面板中勾选_____选项，可以在效果预览、效果图示中查看、应用该过渡效果的实际素材画面。

(3) 3D 运动类过渡特效主要是使最终展现的图像 B 以_____的形式出现并覆盖原图像 A。

(4) 划像类过渡特效主要是将图像 B 按照_____在图像 A 上展开，最后覆盖图像 A。

(5) 页面剥落类过渡特效主要是使图像 A 以各种_____的形式消失，最后显示出图像 B。

2. 上机实训

打开配套光盘中的素材文件夹中准备的 "flower (1).jpg" ～ "flower (15).jpg" 素材，运用本章中学习的视频过渡特效添加与设置方法，编辑一个幻灯欣赏影片，如图 6-33 所示。

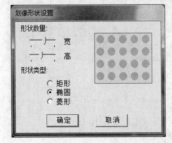

图 6-33 添加并设置过渡效果

第 7 章　视频效果应用详解

教学目标

➢ 掌握为时间轴窗口中的素材剪辑添加视频效果的方法
➢ 掌握在效果控件面板中对视频效果进行设置的方法
➢ 熟悉 Premiere Pro CC 中所有视频过渡特效的应用效果

7.1　添加和设置视频效果

视频效果的添加与设置与视频过渡效果的应用方法基本相同，都是通过从效果面板中选择特效命令后，按住并拖入到时间轴窗口中的素材剪辑上，然后在效果控件面板中对特效的应用效果进行设置。

7.1.1　添加视频效果

添加视频效果，与添加视频过渡效果相似。不同的是，视频过渡效果需要拖放到素材剪辑的头尾位置或相邻两个素材剪辑之间，其特效范围根据设置的持续时间来确定。视频效果是直接拖放到素材剪辑上的任意位置，即可作用于整个素材剪辑，如图 7-1 所示。

图 7-1　添加视频效果

7.1.2　设置视频效果

在 Premiere Pro CC 中，可以为序列中的素材剪辑同时添加多个视频效果，可以在时间轴窗口和效果控件面板中设置效果参数。

1. 在效果控件面板中设置视频效果参数

选择添加了视频效果的素材剪辑后，在效果控件面板中就会显示该素材剪辑应用的所有视频效果的设置选项，如图 7-2 所示。

使用鼠标按住并拖动或直接修改选项后面的参数值，即可对该选项对应的视频效果进行调整。对于不再需要的视频效果，可以通过选择后单击鼠标右键并选择"清除"命令，或直接按 Delete 键删除。对于需要保留但暂时不需要的视频效果，可以单击该效果前面的"切换效果开关"按钮██，将其变为关闭状态██，即可关闭该效果在素材剪辑上的应用，如图 7-3 所示。

图 7-2　修改效果选项参数

图 7-3　切换效果开关

在效果控件面板中的视频效果，可以根据从上到下的顺序对当前素材剪辑的影像进行处理。按住一个视频效果向上或向下拖动到需要的排列位置（素材剪辑的基本属性选项不可移动），在素材剪辑上生成的特效处理效果也将发生对应的变化，如图 7-4 所示。

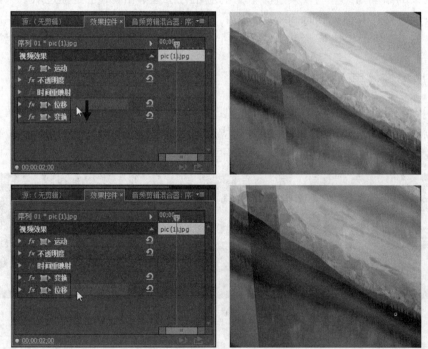

图 7-4　调整视频效果应用顺序

2. 在素材剪辑上设置视频效果参数

在时间轴窗口中的素材剪辑上设置视频效果参数，主要通过素材剪辑上的关键帧控制线来完成。如果素材剪辑上的关键帧控制线没有显示出来，可以通过单击"时间轴显示设置"按钮██，在弹出的菜单中选中"显示视频/音频关键帧"命令，将其在轨道中显示出来，如图 7-5 所示。

单击素材剪辑名称后面的██（效果）图标，在弹出的列表中可以选择切换需要进行设置调整的效果选项，如图 7-6 所示。

图 7-5　显示出关键帧控制线

图 7-6　选择需要调整的效果选项

在素材剪辑上显示出需要调整的选项控制线后，按住鼠标左键并上下拖动，即可增加或降低效果选项的参数值，如图 7-7 所示。

图 7-7　调整效果选项参数

7.2　视频效果分类详解

Premiere Pro CC 在效果面板中提供了 16 个大类共 120 多个视频特效，下面分别对这些视频特效的应用效果进行介绍。

7.2.1　变换

变换类视频效果可以使图像产生二维或者三维的空间变化，此类特效包含了 7 个效果。

- 垂直保持：可以使整个画面产生向上滚动的效果，如图 7-8 所示。
- 垂直翻转：可以将画面沿水平中心翻转 180°，如图 7-9 所示。
- 摄像机视图：用于模仿摄像机的视角范围，以表现从不同角度拍摄的效果。画面可以沿垂直或水平的中轴线进行翻转，也可以通过调整镜头的位置来改变画面的形状或画面做定点的缩放，增强空间景深效果，如图 7-10 所示。

图 7-8　应用"垂直保持"效果

图 7-9　应用"垂直翻转"效果

图 7-10　"摄像机视图"设置选项与应用效果

在效果控件面板中该效果名称的后面单击"设置"按钮，可以打开"摄像机视图设置"对话框，在其中可以对该效果的参数选项进行设置，如图 7-11 所示。

- 水平定格：可以使画面产生在垂直方向上倾斜的效果。可以通过设置"偏移"选项的数值来调整图像的倾斜程度，如图 7-12 所示。
- 水平翻转：可以将画面沿垂直中心翻转 180°，如图 7-13 所示。

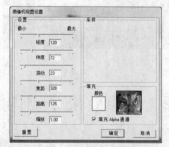

图 7-11　"摄像机视图设置"对话框

图 7-12　"水平定格设置"对话框与应用效果

图 7-13　应用"水平翻转"效果

- 羽化边缘：可以在画面周围产生像素羽化的效果，通过设置"数量"选项的数值来控制边缘羽化的程度，如图 7-14 所示。

图 7-14　应用"羽化边缘"效果

- 裁剪：使用该特效可以对素材进行边缘裁剪，修改素材的尺寸，其效果如图 7-15 示。

图 7-15　"裁剪"设置选项与应用效果

7.2.2　图像控制

图像控制类特效主要用于调整影像的颜色，此类特效包含了 5 个效果。

- 灰度系数校正：通过调整"灰度系数"参数的数值，可以在不改变图像高亮区域和低亮区域的情况下，使图像变亮或变暗，如图 7-16 所示。

图 7-16　应用"灰度系数校正"效果

- 颜色平衡：可以按 RGB 颜色调节影片的颜色，校正或改变图像的色彩，如图 7-17 所示。

图 7-17　"颜色平衡"设置选项与应用效果

- 颜色替换：可以在保持灰度不变的情况下，用一种新的颜色代替选中的色彩，以及与之相似的色彩，如图 7-18 所示。

图 7-18　"颜色替换"设置选项与应用效果

- 颜色过滤：可以将图像中没有被选中的颜色范围变为灰度色，选中的色彩范围保持不变，如图 7-19 所示。

图 7-19　应用"颜色过滤"效果

- 黑白：可以直接将彩色图像转换成灰度图像，图 7-20 所示。

图 7-20　应用"黑白"效果

7.2.3　实用程序

此类特效只包含了一个"Cineon 转换器"效果，可以对图像的色相、亮度等进行快速的调整，如图 7-21 所示。

图 7-21 "Cineon 转换器"设置选项与应用效果

7.2.4 扭曲

扭曲类特效主要用于对图像进行几何变形,此类特效包含了 13 个效果。

● Warp Stabilizer(抖动稳定):在使用手持摄像机的方式拍摄视频时,拍摄得到的视频常常会有比较明显的画面抖动。该特效用于对视频画面由于拍摄时的抖动造成的不稳定进行修复处理,减轻画面播放时的抖动问题。需要注意的是,应用该特效,需要素材的视频属性与序列的视频属性保持相同。在操作时,要么准备与合成序列相同视频属性的素材,要么将合成序列的视频属性修改为与所使用视频素材的视频属性一致。另外,要进行处理的视频素材最好是固定位置拍摄的同一背景画面,否则程序可能无法进行稳定处理的分析。在为视频素材应用了该特效后,可以在效果控件面板中设置其选项参数,如图 7-22 所示。

图 7-22 Warp Stabilizer 设置选项

➢ 分析/取消:单击"分析"按钮,开始对视频在进行播放时,前后帧的画面抖动差异进行分析。如果合成序列与视频素材的视频属性一致,则在分析完成后,显示为"应用",单击该按钮即可应用当前的特效设置;单击"取消"按钮可以中断或取消进行的抖动分析。

➢ 结果:在该下拉列表中可以选择采用何种方式进行画面稳定的运算处理。选择"平滑运动",则可以允许保留一定程度的画面晃动,使晃动变得平滑,可以在下面的"平滑度"选项中设置平滑程度,数值越大,平滑处理越好;选择"不运动",则以画面的主体图像作为整段视频画面的稳定参考,对后续帧中因为抖动而产生位置、角度等的差异,通过细微的缩放、旋转调整,得到最大化稳定效果。

➢ 方法:根据视频素材中画面抖动的具体问题,在此下拉列表中选择对应的处理方法,包括"位置"、"位置,缩放,旋转"、"透视"、"子空间变形"。例如,如果视频素材的画面抖动主要是上下、左右的晃动,则选择"位置"选项即可。如果抖动较为剧烈且有角度、远近等细微变化,则选择"子空间变形"选项可以得到更好的稳定效果。

➢ 帧:在对视频画面应用所选"方法"的稳定处理后,将会出现因为旋转、缩放、移动了帧画面而出现的画面边缘不整齐的问题,可以在此选择对所有帧的画面边缘进行整齐的方式，包括"仅稳定"、"稳定，裁切"、"稳定，裁切，自动缩放"、"稳定、合成边缘"；例如，选择"仅稳定"，则保留各帧画面边缘的原始状态；选择"稳定，裁切，自动缩放"，则可以对画面边缘进行裁切整齐、自动匹配合成序列画面尺寸的处理。

➤ 最大化缩放：该选项只在上一个选项中选择了"稳定，裁切，自动缩放"时可用，用于设置对帧画面进行缩放来匹配稳定时的最大放大程度。

➤ 活动安全边距：该选项只在上一个选项中选择了"稳定，裁切，自动缩放"时可用，用于设置对帧画面进行缩放、裁切时，保持帧边缘向内的安全距离百分比，以确保需要的主体对象不被缩放或裁切出画面外，其功能是对"最大化缩放"应用的约束，防止对画面的缩放或裁切量过大。

➤ 附加缩放：设置对帧画面稳定处理后的二次辅助缩放调整。

➤ 详细分析：勾选该选项，可以重新对视频素材进行更精细的稳定处理分析。

➤ 果冻效应波纹：在该选项的下拉列表中，选择因为缩放、旋转调整产生的画面场序波纹加剧问题的处理方式，包括"自动减少"和"增强减少"。

➤ 更少裁切<->更多平滑：在此设置较小的数值，则执行稳定处理时偏向保持画面完整性，稳定效果也较好；设置较大的数值，则执行稳定处理时偏向使画面更稳定、平滑，但对视频画面的处理会有更多的缩放或旋转处理，会降低画面质量。

➤ 合成输入范围：在"帧"选项中选择"稳定、合成边缘"时可用，用于设置从视频素材的第几帧开始进行分析。

➤ 合成边缘羽化：在"帧"选项中选择"稳定、合成边缘"时可用，设置在对帧画面边缘进行缩放、裁切处理后的羽化程度，以使画面边缘的像素变得平滑。

➤ 合成边缘裁切：可以在展开此选项后，分别手动设置对各边缘的裁切距离，可以得到更清晰整齐的边缘，单位为像素。

上机实战   **Warp Stabilizer 特效应用：修复视频抖动**

1 新建一个项目文件后，在项目窗口中创建一个合成序列。

2 按"Ctrl+I"快捷键，打开"导入"对话框，选择本书配套光盘中\Chapter 7\Media 目录下的"boy.mp4"素材文件并导入，如图 7-23 所示。

图 7-23 导入视频素材

3 将导入的视频素材从项目窗口拖入时间轴窗口中，在弹出的"剪辑不匹配警告"对

话框中单击"更改序列设置"按钮，将合成序列的视频属性修改为与视频素材一致，如图 7-24 所示。

　　4　为方便进行稳定处理前后的效果对比，再将视频素材加入两次到时间轴窗口中，并依此排列在视频 1 轨道中，如图 7-25 所示。

图 7-24　更改序列设置

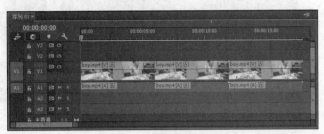

图 7-25　编排素材剪辑

　　5　在效果面板中展开"视频效果"文件夹，在"扭曲"文件夹中选择 Warp Stabilizer 效果，将其拖入时间轴窗口中的第二段素材剪辑上，程序将自动开始在后台对视频素材进行分析，并在分析完成后，应用默认的处理方式（即平滑运动）和选项参数对视频素材进行稳定处理，如图 7-26 所示。

图 7-26　为视频素材应用稳定特效

　　6　选择 Warp Stabilizer 效果，将其拖入到时间轴窗口中的第三段素材剪辑上，然后在效果控件中单击"取消"按钮，停止自动开始的分析。在"结果"下拉列表中选择"不运动"选项，然后单击"分析"按钮，以最稳定的处理方式对第三段剪辑进行分析处理，如图 7-27 所示。

　　7　分析完成后，按空格键或拖动时间指针进行播放预览，即可查看到处理完成的画面抖动修复效果。可以看到，第一段原始的视频素材剪辑中，手持拍摄的抖动比较剧烈；第二段以"平滑运动"方式进行稳定处理的视频，抖动已经不明显，变成了拍摄角度小幅度平滑移动的效果，整体画面略有放大；第三段视频稳定效果

图 7-27　设置特效选项并应用

最好，基本没有了抖动，像是固定了摄像机拍摄一样，但整体画面放大得最多，对画面原始边缘的裁切也最多，如图 7-28 所示。

图 7-28　第一和第三个剪辑中同一时间位置的画面对比

8　编辑好需要的影片效果后，按"Ctrl+S"键保存项目文件。

● 位移：可以根据设置的偏移量对图像进行水平或垂直方向上的位移，移出的图像将在对面的方向显示，如图 7-29 所示。

图 7-29　"位移"特效设置选项与应用效果

● 变换：可以对图像的位置、尺寸、透明度、倾斜度等进行设置，如图 7-30 所示。

图 7-30　"变换"特效设置选项与应用效果

● 弯曲：可以使影片画面在水平或垂直方向上产生弯曲变形的效果，如图 7-31 所示。

图 7-31　"弯曲"特效设置选项与应用效果

- 放大：可以对图像中的指定区域进行放大，如图 7-32 所示。

图 7-32 "放大"特效设置选项与应用效果

- 旋转：可以使图像产生沿中心轴旋转的效果，如图 7-33 所示。

图 7-33 "旋转"特效设置选项与应用效果

- 果冻效应复位：可以对视频素材的场序类型进行更改设置，以得到需要的匹配效果，或降低隔行扫描视频素材的画面闪烁。
- 波形变形：该特效类似"弯曲"效果，可以对波纹的形状、方向及宽度等进行设置，如图 7-34 所示。

图 7-34 "波形变形"特效设置选项与应用效果

- 球面化：可以在素材图像中制作出球面变形的效果，类似于用鱼眼镜头拍摄的照片效果，如图 7-35 所示。

图 7-35 "球面化"特效设置选项与应用效果

- 紊乱置换：可以对素材图像进行多种方式的扭曲变形，如图 7-36 所示。

  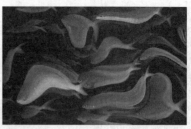

图 7-36 "紊乱置换"特效设置选项与应用效果

- 边角定位：通过参数设置重新定位图像的四个顶点位置，得到对图像扭曲变形的效果，如图 7-37 所示。

图 7-37 "边角定位"特效设置选项与应用效果

- 镜像：可以将图像沿指定角度的射线进行反射，制作出镜像的效果。如图 7-38 所示。

图 7-38 "镜像"特效设置选项与应用效果

- 镜头扭曲：可以将图像四角进行弯折，制作出镜头扭曲的效果，如图 7-39 所示。

图 7-39 "镜头扭曲"特效设置选项与应用效果

7.2.5 时间

时间类特效用于对动态素材的时间特性进行控制，此类特效包含了 2 个效果。

- 抽帧时间：该特效可以为动态素材指定一个新的帧速率进行播放，产生"跳帧"的效果。与修改素材剪辑的持续时间不同，使用此特效不会更改素材剪辑的持续时间，也不会产生快放或慢放效果。该特效只有一项"帧速率"参数，当新指定的帧速率高于素材剪辑本身的帧速率时无变化；当新指定的帧速率低于素材剪辑的帧速率时，程序会自动计算出要播放的下一帧的位置，跳过中间的一些帧，以保证与素材原本相同的持续时间播放完整段素材剪辑，同时对素材剪辑的音频内容不产生影响。

- 残影：该特效可以将动态素材中不同时间的多个帧进行同时播放，产生动态残影效果，其设置选项如图 7-40 所示。

图 7-40　"残影"特效设置选项与应用效果

7.2.6　杂色与颗粒

杂色与颗粒类特效主要用于对图像进行柔和处理，去除图像中的噪点，或在图像上添加杂色效果等，此类特效包含了 6 个效果。

- 中间值：可以将图像的每一个像素都用它周围像素的 RGB 平均值来代替，以减轻图像上的杂色噪点问题；设置较大的"半径"数值，可以使图像产生类似水粉画的效果，如图 7-41 所示。

图 7-41　"中间值"特效设置选项与应用效果

- 杂色：将在画面中添加模拟的噪点效果，如图 7-42 所示。

图 7-42　"杂色"特效设置选项与应用效果

- 杂色 Alpha：该特效用于在图像的 Alpha 通道中生成杂色，如图 7-43 所示。

图 7-43 "杂色 Alpha"特效设置选项与应用效果

- 杂色 HLS：该特效可以在图像中生成杂色效果后，对杂色噪点的亮度、色调及饱和度进行设置，如图 7-44 所示。

图 7-44 "杂色 HLS"特效设置选项与应用效果

- 杂色 HLS 自动：该特效与"杂色 HLS"相似，只是在设置参数中多了一个"杂色动画速度"选项，通过为该选项设置不同数值，可以得到不同杂色噪点以不同运动速度运动的动画效果，如图 7-45 所示。

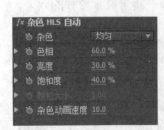

图 7-45 "杂色 HLS 自动"特效设置选项与应用效果

- 蒙尘与划痕：该特效可以在图像上生成类似灰尘的杂色噪点效果，如图 7-46 所示。

图 7-46 "蒙尘与划痕"特效设置选项与应用效果

7.2.7 模糊和锐化

模糊与锐化类特效主要用于调整画面的模糊和锐化效果，此类特效包含了 10 个效果。

- 复合模糊：可以使素材图像产生柔和模糊的效果，如图 7-47 所示。

图 7-47　"复合模糊"特效设置选项与应用效果

- 快速模糊：可以直接生成简单的图像模糊效果，渲染速度更快，如图 7-48 所示。

图 7-48　"快速模糊"特效设置选项与应用效果

- 方向模糊：可以使图像产生指定方向的模糊，类似于运动模糊效果，如图 7-49 所示。

图 7-49　"方向模糊"特效设置选项与应用效果

- 消除锯齿：该特效没有参数选项，可以使图像中的成片色彩像素的边缘变得更加柔和，如图 7-50 所示。

图 7-40　"消除锯齿"特效应用效果

- 相机模糊：可以使图像产生类似于相机拍摄时没有对准焦距的"虚焦"效果，通过设置其唯一的"百分比模糊"参数来控制模糊的程度，如图 7-51 所示。
- 通道模糊：可以对素材图像的红、绿、蓝或 Alpha 通道单独进行模糊，如图 7-52 所示。
- 重影：该特效无参数，可以将动态素材中前几帧的图像以半透明的形式覆盖在当前帧上，产生重影效果，如图 7-53 所示。

 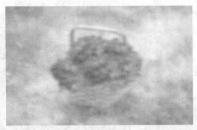

图 7-51 "相机模糊"特效应用效果

图 7-52 "通道模糊"特效设置选项与应用效果

图 7-53 "重影"特效应用效果

- 锐化：通过设置"锐化量"参数，可以增强相邻像素间的对比度，使图像变得清晰，如图 7-54 所示。

图 7-54 "锐化"特效应用效果

- 非锐化遮罩：该特效用于调整图像的色彩锐化程度，如图 7-55 所示。

图 7-55 "非锐化遮罩"特效设置选项与应用效果

- 高斯模糊：该特效的选项参数与"快速模糊"相同，可以大幅度地模糊图像，使图像产生不同程度的虚化效果，如图 7-56 所示。

图 7-56　"高斯模糊"特效应用效果

7.2.8　生成

生成类特效主要是对光和填充色的处理应用，可以使画面看起来具有光感和动感，此类特效包含了 12 个效果。

- 书写：可以在图像上创建画笔运动的关键帧动画，并记录其运动路径，模拟出书写绘画效果，如图 7-57 所示。

图 7-57　"书写"特效设置选项与应用效果

- 单元格图案：可以在图像上模拟生成不规则的单元格效果。在 "单元格图案"下拉列表中可以选择单元格的图案样式，包含了"气泡"、"晶体"、"印板"、"静态板"、"晶格化"、"枕状"、"管状"等 12 种图案模式，如图 7-58 所示。
- 吸管填充：可以提取采样坐标点的颜色来填充整个画面，设置与原始图像的混合度得到整体画面的偏色效果，如图 7-59 所示。

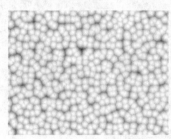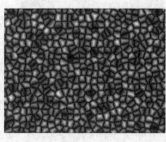

气泡　　　　　　　　　　晶体　　　　　　　　　　印板

图 7-58　不同的图案模式

晶格化

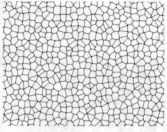
枕状

管状

图 7-58　不同的图案模式（续）

图 7-59　"吸管填充"特效设置选项与应用效果

- 四色渐变：可以设置 4 种互相渐变的颜色来填充图像，如图 7-60 所示。

图 7-60　"四色渐变"特效设置选项与应用效果

- 圆形：该特效用于在图像上创建一个自定义的圆形或圆环，如图 7-61 所示。

图 7-61　"圆形"特效设置选项与应用效果

- 棋盘：可以在图像上创建一种棋盘格的图案效果，如图 7-62 所示。
- 椭圆：可以在图像上创建一个椭圆形的光圈图案效果，如图 7-63 所示。
- 油漆桶：该特效用于将图像上指定区域的颜色替换成另外一种颜色，如图 7-64 所示。

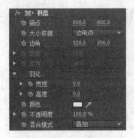

图 7-62　"棋盘"特效设置选项与应用效果

图 7-63　"椭圆"特效设置选项与应用效果

图 7-64　"油漆桶"特效设置选项与应用效果

- 渐变：可以在图像上叠加一个双色渐变填充的蒙版，如图 7-65 所示。

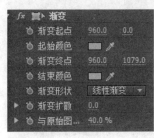

图 7-65　"渐变"特效设置选项与应用效果

- 网格：可以在图像上创建自定义的网格效果，如图 7-66 所示。

图 7-66　"网格"特效设置选项与应用效果

- 镜头光晕：可以在图像上模拟出相机镜头拍摄的强光折射效果，如图 7-67 所示。

图 7-67 "镜头光晕"特效设置选项与应用效果

- 闪电：可以在图像上产生类似闪电或电火花的光电效果，如图 7-68 所示。

图 7-68 "闪电"特效设置选项与应用效果

7.2.9 视频

视频类特效只包含了两个效果，用于在合成序列中显示出素材剪辑的名称、时间码的信息。

- 剪辑名称：在素材剪辑上添加该特效后，节目监视器窗口中播放到素材剪辑时，将在其画面中显示出该素材剪辑的名称，如图 7-69 所示。

图 7-69 "剪辑名称"特效设置选项与应用效果

- 时间码：在素材剪辑上添加该特效后，可以在该素材剪辑的画面上，以时间码的方式显示出该素材剪辑当前播放到的时间位置，如图 7-70 示。

图 7-70 "时间码"特效设置选项与应用效果

7.2.10 调整

调整类特效主要用于对图像的颜色进行调整，修正图像中存在的颜色缺陷，或者增强某些特殊效果，此类特效包含了 9 个效果。

- ProcAmp：该特效可以同时对图像的亮度、对比度、色相、饱和度进行调整，并可以设置只在图像中的部分范围应用效果，生成图像调整的对比效果，如图 7-71 所示。

图 7-71　"ProcAmp"特效设置选项与应用效果

- 光照效果：可以在图像上添加灯光照射的效果，通过对灯光的类型、数量、光照强度等进行设置，模拟逼真的灯光效果，如图 7-72 所示。

图 7-72　"光照效果"特效设置选项与应用效果

- 卷积内核：该特效可以改变素材中每个亮度级别的像素的明暗度，如图 7-73 所示。

图 7-73　"卷积内核"特效设置选项与应用效果

- 提取：在视频素材中提取颜色，生成一个有纹理的灰度蒙版，可以通过定义灰度级别来控制应用效果，如图 7-74 所示。

图 7-74 "提取"特效设置选项与应用效果

- 自动对比度：该特效用于对素材图像的色彩对比度进行调整，如图 7-75 所示。

图 7-75 "自动对比度"特效设置选项与应用效果

- 自动色阶：该特效用于对素材图像的色阶亮度进行自动调整，其参数选项与"自动对比度"效果的选项基本相同，如图 7-76 所示。

图 7-76 "自动色阶"特效设置选项与应用效果

- 自动颜色：该特效用于对素材图像的色彩进行自动调整，其参数选项与"自动对比度"效果的选项基本相同，如图 7-77 所示。

图 7-77 "自动颜色"特效设置选项与应用效果

- 色阶：该特效用于调整图像的亮度和对比度，如图 7-78 所示。
- 阴影/高光：该特效可以对素材中的阴影和高光部分进行调整，包括阴影和高光的数量、范围、宽度及色彩修正等，如图 7-79 所示。

图 7-78　"色阶"特效设置选项与应用效果

图 7-79　"阴影/高光"特效设置选项与应用效果

7.2.11　过渡

过渡类特效的图像效果与应用视频过渡的效果相似，可以清除上层图像后显示出下层图像。不同的是过渡类特效默认是对整个素材图像进行处理，也可以通过创建关键帧动画编辑素材之间、视频轨道之间的图像连接过渡效果，此类特效包含了 5 个效果。

- 块溶解：该特效可以在图像上产生随机的方块对图像进行溶解，如图 7-80 所示。

图 7-80　"块溶解"特效设置选项与应用效果

- 径向擦除：运用该特效，可以围绕指定点以旋转的方式将图像擦除，如图 7-81 所示。
- 渐变擦除：该特效可以根据两个图层的亮度值建立一个渐变层，在指定层和原图层之间进行渐变切换，如图 7-82 所示。

图 7-81　"径向擦除"特效设置选项与应用效果

图 7-82　"渐变擦除"特效设置选项与应用效果

- 百叶窗：该特效通过对图像进行百叶窗式的分割，形成图层之间的过渡切换，如图 7-83 所示。

图 7-83　"百叶窗"特效设置选项与应用效果

- 线性擦除：该特效通过线条划过的方式，在图像上形成擦除效果，如图 7-84 所示。

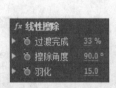

图 7-84　"线性擦除"特效设置选项与应用效果

7.2.12　透视

透视类特效可以对图像进行空间变形，使图像具有立体空间的效果，此类特效包含了 5 个效果。

- 基本 3D：可以在一个虚拟的三维空间中操作图像。在该虚拟空间中，图像可以绕水平和垂直的轴转动，还可以产生图像运动的移动效果，甚至可以在图像上增加反光的效果，从而产生更逼真的空间特效，如图 7-85 所示。

图 7-85　"基本 3D"特效设置选项与应用效果

- 投影：可以为图像添加阴影效果，如图 7-86 所示。

图 7-86　"投影"特效设置选项与应用效果

- 放射阴影：该特效可以将在指定位置产生的光源照射到图像上，在下层图像上投射出阴影的效果，如图 7-87 所示。

图 7-87　"放射阴影"特效设置选项与应用效果

- 斜角边：可以使图像四周产生斜边框的立体凸出效果，如图 7-88 所示。

图 7-88　"斜角边"特效设置选项与应用效果

- 斜面 Alpha：可以使图像中的 Alpha 通道产生斜面效果。如果图像中没有保护 Alpha 通道，则直接在图像的边缘产生斜面效果，其设置选项与"斜角边"相同，如图 7-89 所示。

图 7-89 "斜面 Alpha"特效设置选项与应用效果

7.2.13 通道

通道类特效可以对素材的通道进行处理，实现图像颜色、色调、饱和度和亮度等颜色属性的改变，此类特效包含了 7 个效果。

● 反转：该特效可以将指定通道的颜色反转成相应的补色，对图像的颜色信息进行反相，如图 7-90 所示。

图 7-90 "反转"特效设置选项与应用效果

● 复合运算：可以使用数学运算的方式合成当前层和指定层的图像，如图 7-91 所示。

图 7-91 "复合运算"特效设置选项与应用效果

● 混合：可以将当前图像与指定轨道中的素材图像进行混合，如图 7-92 所示。
● 算术：可以对图像的色彩通道进行简单的数学运算，如图 7-93 所示。
● 纯色合成：该特效可以应用一种设置的颜色与图像进行混合，如图 7-94 所示

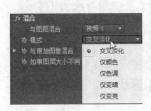  

图 7-92 "混合"特效设置选项与应用效果

图 7-93 "算术"特效设置选项与应用效果

图 7-94 "纯色合成"特效设置选项与应用效果

- 计算：该特效通过混合指定的通道来进行颜色的调整，如图 7-95 所示。

图 7-95 "计算"特效设置选项与应用效果

- 设置遮罩：该特效以当前层中的 Alpha 通道取代指定层中的 Alpha 通道，使之产生运动屏蔽的效果，如图 7-96 所示。

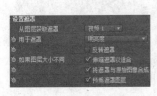  

图 7-96 "设置遮罩"特效设置选项与应用效果

7.2.14 键控

键控类特效主要用在有两个重叠的素材图像时产生各种叠加效果，以及清除图像中指定部分的内容，形成抠像效果，此类特效包含了 15 个效果。

- 16 点无用信号遮罩：该特效通过在图像的每个边上安排 4 个控制点来得到 16 个控制点，通过对每个点的位置修改编辑遮罩形状，来改变图像的显示形状，如图 7-97 所示。

图 7-97 "16 点无用信号遮罩"特效设置选项与应用效果

- 4 点无用信号遮罩：该特效通过在图像的 4 个角上安排控制点，通过对每个点的位置修改编辑遮罩形状，来改变图像的显示形状，如图 7-98 所示。

图 7-98 "4 点无用信号遮罩"特效设置选项与应用效果

- 8 点无用信号遮罩：该特效通过在图像的边缘上安排 8 个控制点，通过对每个点的位置修改编辑遮罩形状，来改变图像的显示形状，如图 7-99 所示。

图 7-99 "8 点无用信号遮罩"特效设置选项与应用效果

- Alpha 调整：可以应用上层图像中的 Alpha 通道来设置遮罩叠加效果。
- RGB 差异键：该特效可以将图像中所指定的颜色清除，显示出下层图像，如图 7-100 所示。

图 7-100　"RGB 差异键"特效设置选项与应用效果

- 亮度键：可以将生成图像中的灰度像素设置为透明，并且保持色度不变。该特效对明暗对比十分强烈的图像有用，如图 7-101 所示。

图 7-101　"亮度键"特效设置选项与应用效果

- 图像遮罩键：通过单击该效果名称的后面"设置"按钮，在打开的对话框中选择一个外部素材作为遮罩，控制两个图层中图像的叠加效果。遮罩素材中的黑色叠加部分变为透明，白色部分不透明，灰色部分不透明，如图 7-102 所示。

图 7-102　"图像遮罩键"特效设置选项与应用效果

- 差值遮罩：该特效可以叠加两个图像中相互不同部分的纹理，保留对方的纹理颜色，如图 7-103 所示。

图 7-103　"差值遮罩"特效设置选项与应用效果

- 极致键：该特效可以将图像中的指定颜色范围生成遮罩，并通过参数设置对遮罩效果进行精细调整，得到抠像效果，如图 7-104 所示。
- 移除遮罩：该特效用于清除图像遮罩边缘的白色残留或黑色残留，是对遮罩处理效果的辅助处理，如图 7-105 所示。

图 7-104　"极致键"特效设置选项与应用效果

图 7-105　"移除遮罩"特效设置选项与应用效果

- 色度键：可以将图像上的某种颜色及其相似范围的颜色处理为透明，显示出下层的图像，适用于有纯色背景的画面抠像，如图 7-106 所示。

图 7-106　"色度键"特效设置选项与应用效果

- 蓝屏键：该特效可以清除图像中的蓝色像素，在影视编辑工作中常用于进行蓝屏抠像，如图 7-107 所示。

图 7-107　"蓝屏键"特效设置选项与应用效果

- 轨道遮罩键：该特效可以将当前图层之上的某一轨道中的图像指定为遮罩素材，完成与背景图像的合成，如图 7-108 所示。

图 7-108　"轨道遮罩键"特效设置选项与应用效果

- 非红色键：该特效用于去除图像中除红色以外的其他颜色，即蓝色和绿色，如图 7-109 所示。

图 7-109　"非红色键"特效设置选项与应用效果

- 颜色键：该特效可以将图像中指定颜色的像素清除，是更常用的抠像特效，如图 7-110 所示。

图 7-110　"颜色键"特效设置选项与应用效果

上机实战　颜色键特效应用：绿屏抠像

1　新建一个项目文件后，在项目窗口中创建一个合成序列。

2　按"Ctrl+I"快捷键，打开"导入"对话框，打开本书配套光盘中\Chapter 7\Media 目录下的"绿底人像"文件夹，选择其中的第一个图像文件后，勾选下面的"图像序列"复选框，然后单击"打开"按钮，如图 7-111 所示。

3　按"Ctrl+I"快捷键，打开"导入"对话框，选择本书配套光盘中\Chapter 7\Media 目录下的"pp（156）.jpg"并导入，如图 7-112 所示。

4　将导入的图像序列素材加入到时间轴窗口中的视频轨道 2 中，在弹出的"剪辑不匹配警告"对话框中单击"更改序列设置"按钮，将合成序列的视频属性修改为与图像序列素材一致。

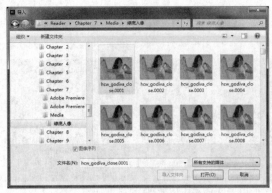

图 7-111　导入图像序列素材　　　　　　　　图 7-112　导入素材

5　在监视器窗口中可以查看到该图像素材为绿底人像，本实例将清除图像中的绿色像素。为方便抠像处理的前后效果对比，在时间轴窗口中加入两次并相邻排列。

6　从项目窗口中将导入的图像素材加入到时间轴窗口中的视频轨道 1 中，并将其入点、出点与视频 2 轨道中的剪辑对齐，如图 7-113 所示。

图 7-113　编排素材剪辑

7　打开效果面板，在"视频效果"文件夹中展开"键控"类特效，选择"色度键"特效并添加到时间轴窗口中视频 2 轨道中的第二段素材剪辑上。

8　在时间轴窗口中将时间指针定位在视频 2 轨道中的第二段素材剪辑上。在效果控件面板中展开"色度键"特效选项组，单击"颜色"选项后面的"吸管"按钮，在节目监视器窗口中图像的绿色背景上单击以拾取要清除的颜色。

9　在效果控件面板中设置"色度键"特效的"相似性"参数为 35.0%，"混合"参数为 50.0%，即可在节目监视器窗口中查看到抠像完成的效果，如图 7-114 所示。

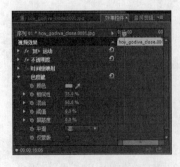

图 7-114　应用"色度键"特效

10　编辑好需要的影片效果后，按"Ctrl+S"键保存项目文件。

7.2.15 颜色校正

颜色校正类特效主要用于对素材图像进行颜色的校正，此类特效包含了 18 个效果。

● Lumetri Looks：为素材图像应用该特效后，在效果控件面板中该效果名称的后面单击"设置"按钮![设置]，在打开的对话框中选择外部 Lumetri looks 颜色分级引擎链接文件，应用其中的色彩校正预设项目，对图像进行色彩校正。在 Premiere Pro CC 中预置了部分 Lumetri 颜色校正引擎特效，可以在效果面板中直接选择应用，如图 7-115 所示。

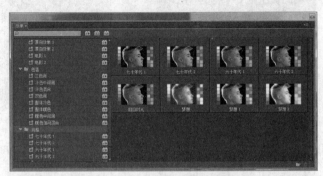

图 7-115　Lumetri Looks 特效

● RGB 曲线：该特效通过曲线调整红色、绿色和蓝色通道中的数值，达到改变图像色彩的目的。颜色校正类特效的选项参数中的"辅助颜色校正"选项，主要用于设置二级色彩修正。如图 7-116 所示。

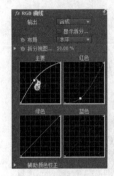

图 7-116　"RGB 曲线"特效设置选项与应用效果

● RGB 颜色校正器：该特效主要通过修改 RGB 3 个色彩通道的参数，实现图像色彩的改变，如图 7-117 所示。

图 7-117　"RGB 颜色校正器"特效设置选项与应用效果

● 三向色彩校正器：该特效通过旋转阴影、中间调、高光这 3 个控制色盘来调整颜色的
平衡，并可以同时对图像的色彩饱和度、色阶亮度等进行调节，如图 7-118 所示。

图 7-118　"三向色彩校正器"特效设置选项与应用效果

● 亮度与对比度：该特效用于直接调整素材图像的亮度和对比度，如图 7-119 所示。

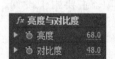

图 7-119　"亮度与对比度"特效设置选项与应用效果

● 亮度曲线：该特效通过调整亮度曲线图实现对图像亮度的调整，如图 7-120 所示。

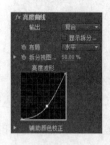

图 7-120　"亮度曲线"特效设置选项与应用效果

● 亮度校正器：该特效用于对图像的亮度进行校正调整，增加或降低图像中的亮度，尤
其对中间调作用更明显，如图 7-121 所示。

图 7-121　"亮度校正器"特效设置选项与应用效果

● 分色：该特效可以清除图像中指定颜色以外的其他颜色，将其变为灰度色，如图 7-122
所示。

图 7-122　"分色"特效设置选项与应用效果

● 均衡：该特效用于对图像中像素的颜色值或亮度等进行平均化处理，如图 7-123 所示。

图 7-123　"均衡"特效设置选项与应用效果

● 广播级颜色：该特效可以校正广播级的颜色和亮度，使影视作品在电视机中进行精确
的播放，如图 7-124 所示。

图 7-124　"广播级颜色"特效设置选项与应用效果

● 快速颜色校正器：该特效用于快速地进行图像颜色的修正，如图 7-125 所示。
● 更改为颜色：该特效可以将在图像中选定的一种颜色更改为另外一种颜色，如图 7-126
所示。
● 更改颜色：可以对图像中指定颜色的色相、亮度、饱和度等进行更改，如图 7-127
所示。
● 色调：该特效用于将图像中的黑色调和白色调映射转换为其他颜色，如图 7-128
所示。

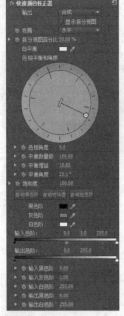

图 7-125   "快速颜色校正器"特效设置选项与应用效果

图 7-126   "更改为颜色"特效设置选项与应用效果

图 7-127   "更改颜色"特效设置选项与应用效果

图 7-128   "色调"特效设置选项与应用效果

● 视频限幅器：该特效利用视频限幅器对图像的颜色进行调整，如图 7-129 所示。

图 7-129　"视频限幅器"特效设置选项与应用效果

- 通道混合器：该特效用于对图像中的 R、G、B 颜色通道分别进行色彩通道的转换，实现图像颜色的调整，如图 7-130 所示。

图 7-130　"通道混合器"特效设置选项与应用效果

- 颜色平衡：该特效用于对图像的阴影、中间调、高光范围中的 R、G、B 颜色通道分别进行增加或降低的调整，实现图像颜色的平衡校正，如图 7-131 所示。

图 7-131　"颜色平衡"特效设置选项与应用效果

- 颜色平衡（HLS）：该特效可以分别对图像中的色相、亮度、饱和度进行增加或降低的调整，实现图像颜色的平衡校正，如图 7-132 所示。

图 7-132　"颜色平衡（HLS）"特效设置选项与应用效果

7.2.16 风格化

风格化类特效与 Photoshop 中的风格化类滤镜的应用效果基本相同，主要用于对图像进行艺术风格的美化处理，此类特效包含了 13 个效果。

- Alpha 发光：该特效对含有 Alpha 通道的图像素材起作用，可以在 Alpha 通道的边缘向外生成单色或双色过渡的发光效果，如图 7-133 所示。

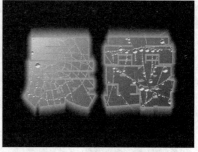

图 7-133　"Alpha 发光"特效设置选项与应用效果

- 复制：该特效只有一个"计数"参数，用来设置对图像画面的复制数量，复制得到的每个区域都将显示完整的画面效果，如图 7-134 所示。

图 7-134　"复制"特效设置选项与应用效果

- 彩色浮雕：该特效可以将图像画面处理成类似轻浮雕的效果，如图 7-135 所示。

图 7-135　"彩色浮雕"特效设置选项与应用效果

- 抽帧：该特效可以改变图像画面的色彩层次数量，设置其"级别"选项的数值越大，画面色彩层次越丰富。数值越小，画面色彩层次越少，色彩对比度也越强烈，如图 7-136 所示。
- 曝光过度：可以将画面处理成类似相机底片曝光的效果，"阈值"参数值越大，曝光效果越强烈，如图 7-137 所示。
- 查找边缘：可以对图像中颜色相同的成片像素以线条进行边缘勾勒，如图 7-138 所示。

图 7-136 "抽帧"特效设置选项与应用效果

图 7-137 "曝光过度"特效设置选项与应用效果

图 7-138 "查找边缘"特效设置选项与应用效果

- 浮雕：该特效可以在画面上产生浮雕效果，同时去掉原有的颜色，只在浮雕效果的凸起边缘保留一些高光颜色，如图 7-139 所示。

图 7-139 "浮雕"特效设置选项与应用效果

- 画笔描边：该特效可以模拟画笔绘制的粗糙外观，得到类似于油画的艺术效果，如图 7-140 所示。
- 粗糙边缘：该特效可以将图像的边缘粗糙化，模拟边缘腐蚀的纹理效果，如图 7-141 所示。
- 纹理化：该特效可以用指定图层中的图像作为当前图像的浮雕纹理，如图 7-142 所示。
- 闪光灯：该特效可以在素材剪辑的持续时间范围内，在指定间隔时间的帧画面上覆盖指定的颜色，从而使画面在播放过程中产生闪烁效果，如图 7-143 所示。

图 7-140   "画笔描边"特效设置选项与应用效果

图 7-141   "粗糙边缘"特效设置选项与应用效果

图 7-142   "纹理化"特效设置选项与应用效果

图 7-143   "闪光灯"特效设置选项与应用效果

- 阈值：该特效可以将图像变成黑白模式，通过设置"级别"参数调整图像的转换程度，如图 7-144 所示

图 7-144   "阈值"特效设置选项与应用效果

- 马赛克：可以在画面上产生马赛克效果，将画面分成若干方格，每一格都用该方格内所有像素的平均颜色值进行填充，如图 7-145 所示。

图 7-145　"马赛克"特效设置选项与应用效果

7.3　课后习题

1. 选择题

(1) 可以使素材剪辑生成如图 7-146 所示效果的特效命令是　　　　（　　）。

    A. 蒙尘与划痕　　　　　　　　B. 羽化边缘

    C. 投影　　　　　　　　　　　D. 光照效果

图 7-146　特效应用效果

(2) 下列选项中，不能生成如图 7-147 所示效果的特效命令是　　　　（　　）。

    A. 摄像机视图　　　　　　　　B. 变换

    C. 边角定位　　　　　　　　　D. 基本 3D

图 7-147　特效应用效果

(3) 可以使素材剪辑生成如图 7-148 所示效果的特效命令是　　　　（　　）。

    A. 弯曲　　　　　　　　　　　B. 波形变形

    C. 紊乱置换　　　　　　　　　D. 斜角边

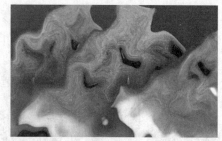

图 7-148　特效应用效果

（4）可以使素材剪辑生成如下图 7-149 所示效果的特效命令是 （　　）。

　A．阴影/高光　　　　　　　　　B．光照效果

　C．Alpha 发光　　　　　　　　　D．镜头光晕

图 7-149　特效应用效果

2．上机实训

　　利用本书配套光盘中\Chapter 7\Media 目录下的"flower.avi"素材文件，使用风格化类视频效果中的"复制"特效，通过为特效参数编辑关键帧动画，制作如图 7-150 所示的动态电视墙效果。

图 7-150　动态电视墙效果

第 8 章　音频的编辑

教学目标

➢ 掌握将音频素材导入和添加到序列中的各种方法
➢ 熟悉对音频素材和剪辑的各种编辑方法
➢ 熟练掌握对音频素材进行持续时间和播放速度的编辑、调节音频剪辑的音量、调节音频增益的方法
➢ 熟悉常用音频过渡和音频效果的应用与设置方法

8.1　音频内容编辑基础

在 Premiere Pro CC 中提供了丰富的音频编辑处理功能,通过对影片中的音频内容进行编辑处理,可以对影片制作起到锦上添花的作用。

8.1.1　音频素材的导入与应用

在导入音频素材时,可以通过以下方法完成。

方法 1　通过执行导入命令或按"Ctrl+I"快捷键,打开"导入"对话框,选择需要的音频素材执行导入操作。

方法 2　打开媒体浏览器面板,展开音频素材的保存文件夹,将需要导入的一个或多个音频文件选中,然后单击鼠标右键并选择"导入"命令,即可完成音频素材的导入。

方法 3　在文件夹(资源管理器)窗口中将需要导入的音频文件选中,然后按住并拖入 Premiere 的项目窗口中,即可快速地完成指定素材的导入。

可以通过以下几种方法将音频素材加入到合成序列中,与图像素材的添加应用方法基本相同。

方法 1　选择导入到项目窗口中的音频素材,按住并拖入时间轴窗口中需要的音频轨道中。

方法 2　在项目窗口中双击音频素材,将其在源监视器窗口中打开,对其进行编辑处理后(如修剪入点或出点、添加标记等),通过单击"插入"按钮 或"覆盖"按钮 ,将音频素材添加到当前选择的工作轨道中时间指针所在的位置。

方法 3　在文件夹窗口中选择音频素材文件后,直接将其按住并拖入合成序列的时间轴窗口中,即可快速地将素材导入,同时将音频素材加入到需要的位置,如图 8-1 所示。

图 8-1　快速添加音频素材

8.1.2　音频内容的编辑方式

在 Premiere Pro CC 中对音频内容进行的编辑处理，可以通过以下 5 种方法，对音频素材或音频剪辑进行编辑处理。

方法 1　在时间轴窗口的音频轨道中，可以调整与修剪音频剪辑的持续时间，以及通过添加、删除关键帧，移动关键帧的位置、调整关键控制线等，对音频内容进行音量调节、特效设置等处理，如图 8-2 所示。

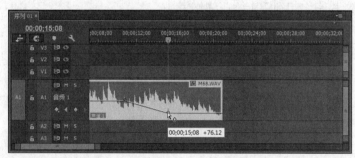

图 8-2　对音频素材进行关键帧编辑

方法 2　使用菜单中相应的命令，对所选音频素材或音频剪辑进行对应的编辑。例如，在选中音频素材后，在"剪辑"菜单中可以选择修改音频声道、调整音频增益、修改音频剪辑播放速度或持续时间的命令编辑音频，如图 8-3 所示。

方法 3　在效果控件面板中，为音频剪辑的基本属性选项或添加的音频特效进行参数设置，改变音频剪辑的应用播放效果，如图 8-4 所示。

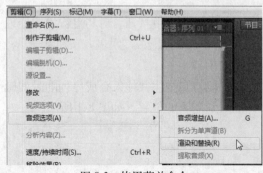

图 8-3　使用菜单命令

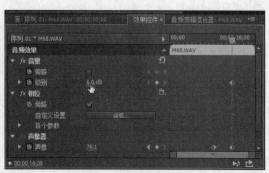

图 8-4　编辑音频效果

　　方法 4　双击音频素材或音频剪辑，在源监视器中打开该音频素材，可以在其中对音频素材进行播放预览、持续时间的修剪、添加标记、插入到指定音频轨道中等基本编辑处理，如图 8-5 所示。

　　方法 5　在音轨混合器或音频剪辑混合器面板中，可以对音频素材或音频剪辑进行调整音量、调整声道平衡、添加特效等编辑处理，如图 8-6 所示。

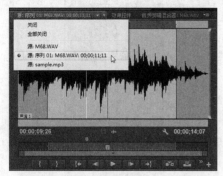

图 8-5　在源监视器窗口中编辑音频　　　　　　图 8-6　在音轨混合器面板中编辑音频

8.2　音频素材的编辑

　　音频素材的基本编辑包括对音频素材或剪辑播放速度、持续时间的调整，对音频剪辑音量的控制，设置音频音量增益等。

8.2.1　调整音频持续时间和播放速度

　　可以通过两种方式调整音频素材在加入到合成序列中的持续时间。

　　一是不改变音频内容的播放速率，通过调整音频剪辑的入点和出点位置，对音频剪辑的持续时间进行修剪，使音频剪辑在影片中播放时只播放其中的部分内容，如图 8-7 所示。

图 8-7　修剪音频剪辑的持续时间

　　另一种方式是对音频的播放速度进行修改，可以加快或减慢音频内容的播放速度，改变音频剪辑在影片中应用的持续时间。与调整视频素材播放速率一样，调整音频素材的播放速率，也包括对项目窗口中的音频素材与对时间轴窗口中的音频剪辑的不同处理。

　　选择项目窗口中的音频素材后，执行"剪辑→速度/持续时间"命令，在打开的"剪辑速度/持续时间"对话框中，显示了在原始播放速度状态下的素材持续时间，可以通过输入新的百分比数值或调整持续时间数值，修改所选素材对象的默认持续时间，如图 8-8 所示。这样修改后，以后在每次将该素材加入到合成序列中时，都将在音频轨道中显示新的持续时间。

选择音频轨道中的音频剪辑后，执行"剪辑→速度/持续时间"命令，在打开的"剪辑速度/持续时间"对话框中修改数值，可以单独调整该音频剪辑的播放速度与持续时间，并不会对项目窗口中的该音频素材产生影响，如图 8-9 所示。

图 8-8　修改音频素材的持续时间　　　　　图 8-9　修改音频剪辑的播放速度

在修改音频轨道中的音频剪辑的持续时间时，在"剪辑速度/持续时间"对话框中勾选"波纹编辑，移动尾部剪辑"复选框，可以使用波纹编辑模式调整剪辑的持续时间，在单击"确定"按钮进行应用后，音频轨道中该素材剪辑后面的剪辑，将根据该素材持续时间的变化自动前移或后移，如图 8-10 所示。

图 8-10　勾选"波纹编辑，移动尾部剪辑"选项的前后对比

8.2.2　调节音频剪辑的音量

可以通过以下 3 种方法调节音频剪辑在影片中播放的音量。

方法 1　选择音频素材，在效果控件面板中展开"音量"选项组，修改"级别"选项的数值，即可调节该音频剪辑的音量，如图 8-11 所示。

图 8-11　修改音频剪辑的音量

方法2 在时间轴窗口中单击"时间轴显示设置"按钮 ，在弹出的命令选单中选择"显示音频关键帧"命令，然后单击音频剪辑上的 图标，在弹出命令选单中选择"音量→级别"选项后，即可通过上下拖动音频剪辑上的关键帧控制线，调整音频剪辑的音量，如图 8-12所示。

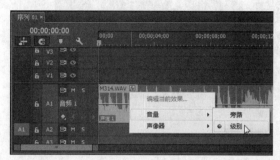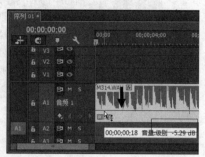

图 8-12 拖动关键帧控制音量

方法3 选择音频轨道中的音频剪辑，然后打开音频剪辑混合器面板，向上或向下拖动该音频剪辑所在轨道控制选项组中的音量调节器，即可修改该音频素材的音量，如图 8-13所示。在调整了音量调节器的位置后，可以看见音频轨道中该音频剪辑的音量控制线也会发生对应的调整。

图 8-13 通过音频剪辑混合器面板修改音频剪辑音量

8.2.3 调节音频轨道的音量

通过向上或向下拖动音频轨道混合器面板中的音量调节器，可以对音频轨道的音量进行整体控制，使该音频轨道中的所有音频剪辑的音量，都在原来音量的基础上增加或降低设定数值的音量，如图 8-14 所示。

 在音频剪辑混合器面板或音频轨道混合器面板中调整了音量调节器的位置后，双击音量调节器，可以将其快速恢复到默认的音量位置（即 0.0dB）。

图 8-14　调整音频轨道的音量

8.2.4　调节音频增益

音频增益是在音频素材或音频剪辑原有音量的基础上，通过对音量峰值的附加调整，增加或降低音频的频谱波形幅度，从而改变音频素材或音频剪辑的播放音量。与调整音频素材和音频剪辑的播放速率一样，调整音频素材和音频剪辑的音频增益，同样会产生不同的影响。

选择项目窗口中的音频素材，或选择音频轨道中的音频剪辑后，执行"剪辑→音频选项→音频增益"命令，在弹出的"音频增益"对话框中，根据需要进行设置并单击"确定"按钮，即可在源监视器窗口或音频轨道中查看到音频频谱的改变，在播放时的音量也将发生对应的改变，如图 8-15 所示。

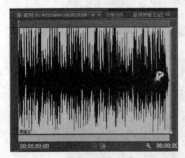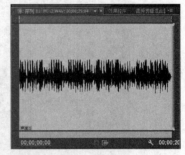

图 8-15　调节音频增益

- 将增益设置为：可以将音频素材或音频剪辑的音量增益指定为一个固定值。
- 调整增益值：输入正数值或负数值，可以提高或降低音频素材或音频剪辑的音量。
- 标准化最大峰值为：输入数值，可以为音频素材或音频剪辑中的音频频谱设定最大峰值音量。
- 标准化所有峰值为：输入数值，可以为音频素材或音频剪辑中音频频谱的所有峰值设定限定音量。

8.2.5　单声道和立体声之间的转换

在编辑操作中常用的音频素材通常为单声道和立体声两种声道格式。在 Premiere Pro CC 中，音频素材的编辑也会涉及左右声道的处理，某些音频特效也只适用于单声道音频或立体声音频。如果导入的音频素材的声道格式不符合编辑需要，就需要对其进行声道格式的转换处理。

![上机实战] **转换单声道为立体声**

1 新建一个项目文件后，在项目窗口中创
建一个合成序列。

2 按"Ctrl+I"快捷键，打开"导入"对话
框，选择本书配套光盘中\Chapter 8\Media 目录
下的"单声道.wav"素材文件并导入，如图 8-16
所示。

3 在项目窗口中双击导入的音频素材，在源
监视器窗口中将其打开，可以看到该音频文件是
只有一个波形频谱的单声道音频，如图 8-17 所示。

图 8-16 导入音频素材文件

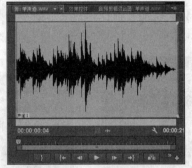

图 8-17 查看音频素材

4 为方便进行声道格式转换前后的效果对比，先将当前的单声道音频素材加入一次到
时间轴窗口的音频轨道 1 中，可以看见音频轨道中的音频剪辑也是显示为一个波形频谱，如
图 8-18 所示。

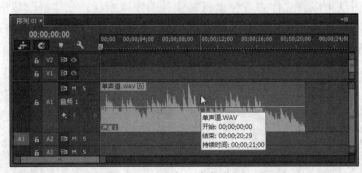

图 8-18 加入音频剪辑

5 选择项目窗口中的单声道音频素材，单击"剪辑→修改→音频声道"命令，在打开
的"修改剪辑"对话框中，可以在声道列表中查看到当前音频素材只有一个声道。单击"声
道格式"选项后的下拉按钮并选择"立体声"，然后在声道列表中单击新增的声道条目名称，
在其下拉列表中选择"声道 1"选项，即可将原音频的单声道复制为立体声音频的右声道，
原来的单声道则自动设置为左声道，如图 8-19 所示。

6 单击"确定"按钮，程序将弹出提示框，提示用户对音频声道格式的修改不会对已
经加入到合成序列中的音频剪辑发生作用，将在以后新加入到合成序列中时应用为立体声。

图 8-19　转换声道格式

7　应用对音频素材声道格式的修改后，即可看见在源监视器窗口中的音频素材变成了立体声的波形，如图 8-20 所示。

8　将该音频素材加入到音频轨道中前一音频剪辑的后面，即可查看到两段音频剪辑的波形不同，如图 8-21 所示。按"空格键"进行播放预览，可以分辨出音频在播放时的效果差别。

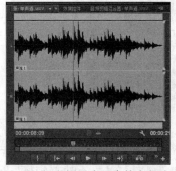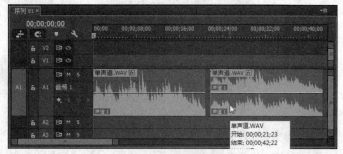

图 8-20　源监视器窗口中的音频波形　　　　图 8-21　加入音频素材

使用同样的方法可以将立体声音频素材转换为单声道素材。在"修改剪辑"对话框中单击"声道格式"选项后的下拉按钮并选择"单声道"，然后在声道列表中单击声道条目名称，在其下拉列表中选择要保留的声道内容即可，如图 8-22 所示。

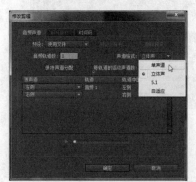

图 8-22　将立体声转换为单声道

立体声音频的左、右两个声道中可以包含不同的音频内容，通常在应用到影视项目中时，可以在一个声道中保存语音内容，另一个声道保存音乐内容。在项目窗口中选中立体声音频素材后，单击"剪辑→音频选项→拆分为单声道"命令，即可将立体声素材的两个声道拆分为两个单独的音频素材，得到两个包含单独声道内容的音频素材，如图 8-23 所示。

图 8-23 将立体声分离为单声道

8.3 音频过渡的应用

音频过渡效果可以添加在音频剪辑的头尾或相邻音频剪辑之间，使音频剪辑产生淡入淡出效果，或在两个音频剪辑之间产生播放过渡效果。

在效果面板中展开"音频过渡"文件夹，在其中的"交叉淡化"文件夹下面提供了"恒定功率"、"恒定增益"、"指数淡化"3 种音频过渡效果，它们的应用效果基本相同，在将其添加到音频剪辑上以后，在效果控件面板中设置持续时间、对齐方式即可，如图 8-24 所示。

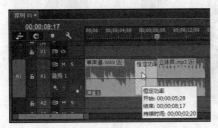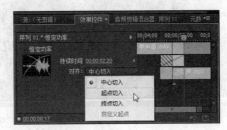

图 8-24 添加音频过渡效果

8.4 音频效果的应用

Premiere Pro CC 中提供了大量的音频效果，可以满足多种音频特效的编辑需要。

8.4.1 音频效果的应用设置

音频效果的应用方法与视频特效一样，将效果添加到音频剪辑上以后，在效果控件面板中对其进行参数选项设置即可，如图 8-25 所示。

图 8-25 音频效果文件夹与音频效果设置选项

8.4.2　常用音频效果介绍

1. 多功能延迟

延迟效果可以使音频剪辑产生回音效果，"多功能延迟"
特效则可以产生 4 层回音，可以通过参数设置，对每层回音发
生的延迟时间与程度进行控制，如图 8-26 所示。

- 延迟 1~4：指定原始音频与回声之间的时间量。
- 反馈 1~4：指定延时信号的叠加程度，以产生多重衰
  减回声的百分比。
- 级别 1~4：控制每一层回声的音量大小。
- 混合：控制延迟声音与原始音频的混合程度。

2. DeNoiser（降噪）

用于自动探测音频中的噪声并将其消除，如图 8-27 所示。

图 8-26　多功能延迟

图 8-27　DeNoiser（降噪）

- Noise floor（基线）：指定素材播放时的噪声基线。
- Freeze（冻结）：将噪声基线停止在当前值，使用这个控制来确定素材消除的噪声量。
- Reduction（消减）：指定消除在-20~0dB 范围内的噪声数量。
- Offset（偏移）：设置自动消除噪声和用户指定基线的偏移量。当自动降噪不充分时，
  通过设置偏移来调整附加的降噪控制。

3. EQ（均衡器）

该特效类似一个多变量均衡器，可以通过对音频的多个频段进行频率、带宽以及电平的
调整，改变音频的音响效果、通常用于对背景音乐的效果提升。它和常见音频播放器程序中
的 EQ 均衡器的作用相同，除了可以自行设置调整参数，还可以选择多种预设的均衡方案，
例如，Master eq（主均衡）、Bass enhance（低音增强）、Notch（降级）、Sweep maker（清澈）
等，如图 8-28 所示。

4. 低通/高通

低通效果用于删除高于指定频率界限的频率，使音频产生浑厚的低音音场效果。高
通效果用于删除低于制定频率界限的频率，使音频产生清脆的高音音场效果，如图 8-29
所示。

 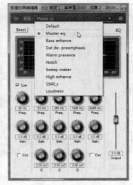

图 8-28　EQ（均衡器）

图 8-29　低通/高通

5. 低音/高音

低音效果用于提升音频的波形中低频部分的音量，使音频产生低音增强效果，高音效果用于提升音频的波形中高频部分的音量，使音频产生高音增强效果，如图 8-30 所示。

6. Pitch Shifter（变调）

该效果用来调整音频的输入信号基调，使音频的波形产生扭曲的效果，通常用于处理人的声音，改变音频的播放音色。例如，将年轻人的声音变成老年人的声音、模拟机器人语音效果等，如图 8-31 所示。

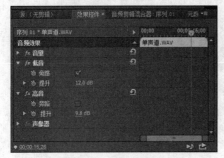

图 8-30　低音/高音

图 8-31　Pitch Shifter（变调）

- Pitch（倾斜）：指定半音过程中定调的变化。
- FineTune（微调）：确定定调参数的半音格之间的微调。
- Formant Preserve（共振保护）：保护音频素材的共振峰免受影响。

7. Reverb（回响）

该特效可以对音频素材模拟出在室内剧场中的音场回响效果，可以增强音乐的感染氛围，如图 8-32 所示。

- Pre Delay（预延迟）：指定信号与回声之间的时间。
- Absorption（吸收）：指定声音被吸收的百分比。
- Size（大小）：指定空间大小的百分比。
- Density（密度）：指定回响声音拖尾效果的密度。
- Lo Damp（低频衰减）：指定低频的衰减。衰减低频可以防止嗡嗡声造成的回响。
- Hi Damp（高频衰减）：指定高频的衰减。低频设置可以使回响的声音柔和。
- Mix（混合）：设置回响声音与原音频的混合程度。

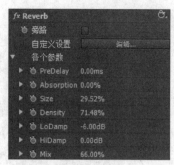

图 8-32　Reverb（回响）

8. 平衡

该特效只能用于立体声音频素材，用于控制左右声道的相对音量。该效果只有一个"平衡"参数，参数值为正时增大右声道的分量，负值时增大左声道的分量。

9. 消除齿音

该特效主要用于对人物语音音频的清晰化处理，消除人物对着麦克风说话时产生的齿音。在其参数设置中，可以根据语音的类型和实际情况，选择对应的预设处理方式，对指定的频率范围进行限制，快速完成音频内容的优化处理，如图 8-33 所示。

图 8-33　消除齿音

8.5　习题

1. 选择题

（1）在修改音频剪辑的持续时间时，在"剪辑速度/持续时间"对话框中勾选（　　）复选框，可以使音频轨道中该剪辑后面的剪辑根据该剪辑持续时间的变化而自动前移或后移。

　　A．倒放速度　　　　　　　　　　B．保持音频音调

　　C．波纹编辑，移动尾部剪辑　　　D．标准化所有峰值

（2）下列对导入音频素材的操作描述错误的是　　　　　　　　　　　　　（　　）。

　　A．通过执行导入命令打开"导入"对话框，选择需要的音频素材执行导入操作。

　　B．打开媒体浏览器面板，展开音频素材的保存文件夹，将需要导入的音频文件选中，然后单击鼠标右键并选择"导入"命令，即可完成音频素材的导入。

　　C．在文件夹窗口中将需要导入的音频文件选中，然后按住并拖入 Premiere 的项目窗口中，即可快速地完成指定素材的导入。

D．在文件夹窗口中选择音频素材文件后，直接将其按住并拖入合成序列的时间轴窗口中，即可快速地将音频素材加入到需要的位置，同时导入的音频素材也将自动加入到项目窗口中。

（3）使用工具箱中的（　）工具，在音频剪辑的入点或出点按住并左右拖动，可以直接改变音频剪辑的持续时间和播放速度。

A．波纹编辑工具　　　　　　　　B．滚动编辑工具

C．比率拉伸工具　　　　　　　　D．外滑工具

（4）如果将录制的青年说话语音素材处理成中年人的语音效果，需要使用（　）音频效果来完成。

A．EQ　　　　　　B．Pitch Shifter　　C．Reverb　　　　　D．平衡

2. 上机实训

导入本书配套光盘中\Chapter 8\Media 目录下的"立体声.mp3"文件，为其应用音频特效，编辑出在剧场中播放的回音混响效果。

第 9 章 字幕编辑

教学目标

- ➤ 熟悉创建字幕的三种常用方法
- ➤ 熟悉字幕设计器窗口中各组成部分的功能和使用方法
- ➤ 熟练掌握对字幕文本进行属性和效果设置操作方法
- ➤ 对滚动字幕和游动字幕的创建和编辑方法进行操作实践

9.1 创建字幕的方法

字幕的编辑是影视编辑处理软件中的一项基本功能，用于在影视项目中添加字幕、提示文字、标题文字等信息表现元素，除了可以帮助影片更完整地展现相关内容信息外，还可以起到美化画面、表现创意的作用。

9.1.1 通过文件菜单创建字幕

在启动 Premiere Pro CC 并打开一个项目文件后，单击"文件→新建→字幕"命令，打开"新建字幕"对话框，在对话框中进行视频设置和名称设置后，单击"确定"按钮，即可打开一个新的字幕设计器窗口，开始编辑创建的字幕文件，如图 9-1 所示。

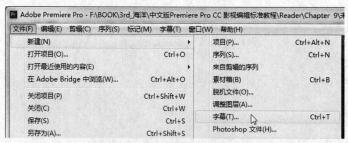
图 9-1 通过文件菜单创建字幕

9.1.2 通过字幕菜单命令创建字幕

在打开或新建一个项目文件后，单击"字幕→新建字幕"命令，可以在弹出的命令菜单中选择要创建的字幕类型，新建该类型的字幕文件，如图 9-2 所示。

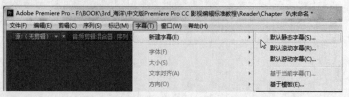
图 9-2 通过字幕菜单命令创建字幕

9.1.3　在项目窗口中创建字幕

打开或新建一个项目文件后，单击项目窗口下方的"新建项"按钮 ，在弹出的命令选单中选择"字幕"命令，即可打开"新建字幕"对话框，创建需要的字幕文件，如图 9-3 所示。

图 9-3　在项目窗口中创建字幕

9.2　字幕设计器窗口

单击创建字幕的命令后，在打开的"新建字幕"对话框中设置好视频属性和名称，单击"确定"按钮，即可打开字幕设计器窗口，如图 9-4 所示。

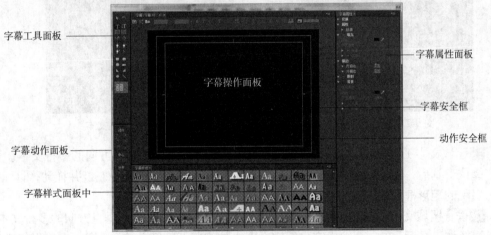

图 9-4　字幕设计器窗口

9.2.1　字幕工具面板

字幕工具面板中的工具用于在字幕编辑窗口中创建字幕文本、绘制简单的几何图形，还可以定义文本的样式，下面对每个工具的具体功能进行详细介绍。

- 选择工具：用于在字幕编辑窗口中选择、移动以及缩放文字或图像对象，配合使用"Shift"键，可以同时选择多个对象。在文本被选中后，将会在该文本周围出现 8 个控制点。将鼠标移动到这些控制点上，在鼠标光标改变形状后按住并拖拽鼠标，可以改变文本对象的大小，如图 9-5 所示。
- 旋转工具：用于对文本或图形对象进行旋转操作。使用该工具将鼠标移动到所选对象边框的控制点上，在鼠标光标改变形状后按住并拖拽鼠标即可进行旋转，如图9-6 所示。

图 9-5　缩放文本对象　　　　　　　　图 9-6　旋转文本对象

- ▪ **T**文字工具：使用该工具可以在字幕编辑窗口中输入水平方向的文字。选择水平文字工具后，将鼠标移动到字幕编辑窗口的安全区内，单击鼠标左键，在出现的矩形框内即可输入文字，如图 9-7 所示。
- ▪ **T**垂直文字工具：使用该工具可以在字幕编辑窗口中输入垂直方向的文字。选择垂直文字工具后，将鼠标移动到字幕编辑窗口的安全区，单击鼠标左键，在出现的矩形框内即可输入文字，如图 9-8 所示。

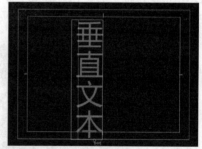

图 9-7　输入水平文本　　　　　　　　图 9-8　输入垂直文本

- ▪ 区域文字工具：使用该工具可以在字幕编辑窗口中输入水平方向的多行文本。选择该工具后，将鼠标移动到字幕编辑窗口的安全区内，按住鼠标左键并拖动，即可在出现的矩形框内输入文字，如图 9-9 所示。
- ▪ 垂直区域文字工具：使用该工具可以在字幕编辑窗口中输入垂直方向的多行文本。选择该工具后，在字幕编辑窗口的安全区内按住鼠标左键并拖动，即可在出现的矩形框内输入文字，如图 9-10 所示。

图 9-9　输入区域文本　　　　　　　　图 9-10　输入垂直区域文本

- 路径文字工具：使用该工具可以创建出沿路径弯曲且平行于路径的文本。选择该路径文字工具后，将先自动切换为路径绘制工具，在字幕编辑窗口中绘制出需要的路径后，再次选择该工具，在字幕编辑窗口中的路径范围上单击鼠标左键，即可在输入光标显示出来后输入需要文字，如图 9-11 所示。

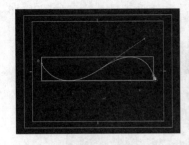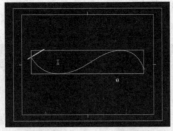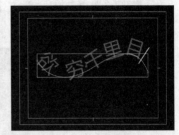

图 9-11 输入路径文本

- 垂直路径文字：使用该工具可以创建出沿路径弯曲且垂直于路径的文本。选择该路径文字工具后，将鼠标移动到字幕编辑窗口的安全区内，单击鼠标指定文本的显示路径，再输入文字，如图 9-12 所示。

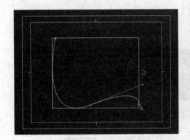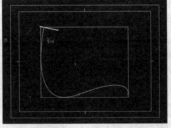

图 9-12 输入垂直路径文本

- 钢笔工具：该工具用于绘制和调整路径曲线，如图 9-13 所示。另外，还可以用于调节使用路径文字工具和垂直路径文字工具所创建路径文本的路径。选择钢笔工具后，将鼠标移动到用路径文本的路径节点上，就可以对文本的路径进行调整，如图 9-14 所示。

图 9-13 绘制路径曲线　　　　　　　图 9-14 调整文本路径

- 添加锚点工具：该工具用于在所选曲线或文本路径上增加锚点，以方便对路径进行曲线形状的调整。
- 删除锚点工具：该工具用于删除曲线路径和文本路径上的锚点。
- 转换锚点工具：使用该工具单击路径上的圆滑锚点，可以将其转换成尖角锚点。在尖角锚点上按住并拖动，可以拖拽出锚点控制柄，将尖角锚点转换成圆滑锚点；拖动路径锚点的控制柄，可以调整锚点两端路径的平滑度。

- ■矩形工具：该工具用于在字幕编辑窗口中绘制矩形；在按下"Shift"键的同时按住并拖动鼠标，可以绘制出正方形。通过字幕属性面板，可以定义矩形的填充色和线框色等，如图 9-15 所示。
- ■圆角矩形工具：该工具用于绘制圆角矩形，使用方法和矩形工具一样，如图 9-16 所示。

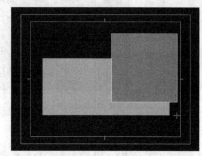

图 9-15　绘制矩形

图 9-16　绘制圆角矩形

- ■切角矩形工具：该工具用于绘制切角矩形，如图 9-17 所示。
- ■圆边矩形工具：该工具用于绘制边角为圆形的矩形，如图 9-18 所示。

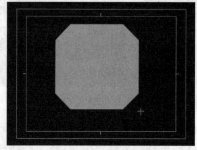

图 9-17　绘制切角矩形

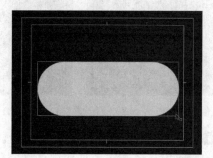

图 9-18　绘制圆边矩形

- ■楔形工具：该工具用于绘制三角形。在按住"Shift"键的同时按住并拖动鼠标，可以绘制等边直角三角形，如图 9-19 所示。
- ■弧形工具：该工具用于绘制弧形，如图 9-20 所示。

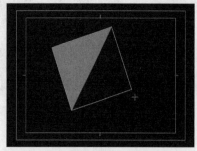

图 9-19　绘制三角形

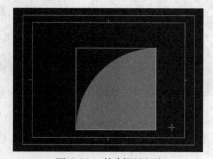

图 9-20　绘制圆弧形

- ■椭圆形工具：该工具用于绘制椭圆形；在按住"Shift"键的同时按住并拖动鼠标，可以绘制出正圆形，如图 9-21 所示。

- ＼直线工具：该工具用于绘制直线线段，如图 9-22 所示。

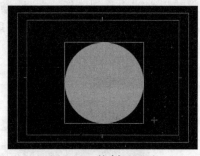

图 9-21　绘制正圆形

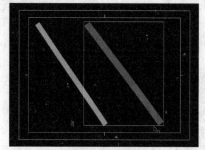

图 9-22　绘制直线

9.2.2　字幕动作面板

字幕动作面板主要用于对单个或者多个对象进行对齐、排列和分布的调整。单击对应的按钮，可以对选中的单个或者多个对象进行排列位置或间距分布的对齐调整。

- 　（水平靠左）：使对象在水平方向上靠左边对齐显示。
- 　（垂直靠上）：使对象在垂直方向上靠顶部对齐显示。
- 　（水平居中）：使对象在水平方向上居中显示。
- 　（垂直居中）：使对象在垂直方向上居中显示。
- 　（水平靠右）：使对象在水平方向上靠右边对齐显示。
- 　（垂直靠下）：使对象在垂直方向上靠底部对齐显示。
- 　（垂直居中）：使所选对象进行垂直方向上的居中对齐。
- 　（水平居中）：使所选对象进行水平方向上的居中对齐。
- 　（水平靠左）：对 3 个或 3 个以上的对象进行水平方向上的左对齐，并且每个对象左边缘之间的间距相同。
- 　（垂直靠上）：对 3 个或 3 个以上的对象进行垂直方向上的顶部对齐，且每个对象上边缘之间的间距相同。
- 　（水平居中）：对 3 个或 3 个以上的对象进行水平方向上的居中均匀对齐。
- 　（垂直居中）：对 3 个或 3 个以上的对象进行垂直方向上的居中均匀对齐。
- 　（水平靠右）：对 3 个或 3 个以上的对象进行水平方向上的右对齐，并且每个对象右边缘之间的间距相同。
- 　（垂直靠下）：对 3 个或 3 个以上的对象进行垂直方向上的底部对齐，且每个对象下边缘之间的间距相同。
- 　（水平等距间隔）：对 3 个或 3 个以上的对象进行水平方向上的均匀分布对齐。
- 　（垂直等距间隔）：对 3 个或 3 个以上的对象进行垂直方向上的均匀分布对齐。

9.2.3　字幕操作面板

字幕操作面板在字幕设计器窗口的中间，包括效果设置按钮区域和字幕编辑预览区域。窗口顶部的功能按钮用于新建字幕、设置字幕动画类型、设置文本字体、字号、字体样式、对齐方式等常用的字幕文本编辑。如图 9-23 所示。

- 📝基于当前字幕新建字幕：单击该按钮，在弹出的"新建字幕"对话框中进行视频设置和名称设置后，单击"确定"按钮，可以基于当前字幕创建新的字幕，新的字幕中将保留与当前字幕窗口中相同的内容，以方便在当前字幕内容的基础上编辑新的字幕效果，如图 9-24 所示。

设置按钮

字幕编辑窗口

图 9-23　字幕操作面板

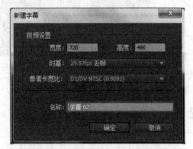

图 9-24　"新建字幕"对话框

- 📜滚动/游动选项：单击该按钮，将打开"滚动/游动选项"对话框，在其中可以对字幕的类型和运动方式进行设置，如图 9-25 所示。
- 📋模板：单击该按钮，可以打开"模板"对话框，在其中包含了程序自带的字幕模板文件，选择需要的模板后单击下面的"确定"按钮，即可创建基于该模板内容的字幕文件。单击右上角的▶按钮，可以在弹出的命令选单中选择导入外部字幕模板、导入当前字幕为模板、设置默认模板等操作，如图 9-26 所示。

图 9-25　"滚动/游动选项"对话框

图 9-26　"模板"对话框

- Adobe... ▼字体：在该下拉列表中选择需要的字体。
- Semibold ▼样式：在该下拉列表中选择需要的文本样式，包括 Bold（加粗）、Bold Italic（斜粗）、Italic（斜体）、Regular（常规）、Semibold（半粗）、Semibold Italic（半粗斜）等。
- 🅱粗体、🇹斜体、🇺下划线 ：单击对应的按钮，可以将所选文本对象设置为对应的字体样式，如图 9-27 所示。
- 🇹 100.0大小：在该选项的文字按钮上按住鼠标并左右拖动，或直接单击并输入数值，可以设置所需字号的大小。
- 🄰🅅 0.0字符间距：通过调整文字按钮或直接单击并输入数值，可以设置文本字符间距，如图 9-28 所示。

图 9-27 设置文字样式

- ⬛ 10.0 行距：设置文本段落中文字行之间的间距，如图 9-29 所示。

图 9-28 设置字符间距

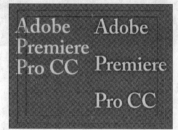

图 9-29 设置段落文字行距

- ⬛ 靠左、⬛ 居中、⬛ 靠右：单击对应按钮，将所选文本段落设置为对应的对齐方式，如图 9-30 所示。

图 9-30 设置段落对齐

- ⬛ 显示背景视频：按下该按钮，可以在字幕编辑区域中显示出合成序列中当前时间指针所在位置的图像画面。调整该按钮下面的时间码数值，可以调整需要显示的画面时间位置，如图 9-31 所示。
- ⬛ 制表位：单击该按钮，可以在打开的"制表位"对话框中对所选段落文本的制表位进行设置，对段落文本进行排列的格式化处理，如图 9-32 所示。

图 9-31 显示背景视频

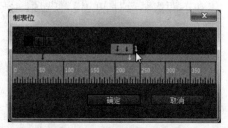

图 9-32 "制表位"对话框

9.2.4 字幕属性面板

字幕属性面板中的选项用于对字幕文本进行多种效果和属性的设置，包括设置变换效果、设置字体属性、设置文本外观以及其他选项的参数设置。

1. 变换

用于对选择的文本对象进行不透明度、位置、大小与旋转角度的调整，如图 9-33 所示。

图 9-33　文本对象的变换处理

2. 属性

用于对选择的文本对象进行字体、字体样式、字号大小、字符间距、行距、倾斜、字母大写方式、字符扭曲等基本属性的设置，如图 9-34 所示。

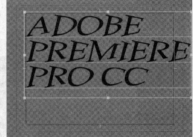

图 9-34　设置文本基本显示属性

3. 填充

用于对选择的文本对象进行填充样式、填充色、光泽、填充纹理等显示效果的设置，如图 9-35 所示。

- 填充：勾选该复选框，可以对文字应用填充效果。取消对该选项的勾选，则不显示出文字的填充效果，可以显示出设置的文字阴影或描边，如图 9-36 所示。
- 填充类型：在该选项的下拉列表中选择一种填充类型后，在下面将显示对应的设置选项，分别编辑对应的色彩填充效果。
  - 实底：单色填充，默认的填充类型。可以为所选文本对象设置一个填充色与填充的不透明度，如图 9-37 所示。

图 9-35　"填充"选项组

  - 线性渐变：设置从一种颜色以一定角度渐变到另一种颜色的填充，并单独设置每种颜色的填充不透明度，以及渐变填充的角度、渐变重复次数等，如图 9-38 所示。

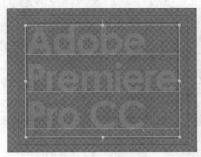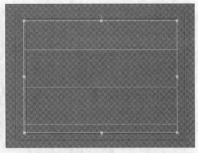

图 9-36　取消勾选"填充"复选框

图 9-37　实底填充

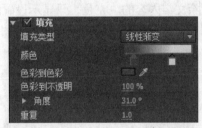

图 9-38　线性渐变

➢ 径向渐变：设置一种颜色从中心向外渐变到另一种颜色的填充，设置选项与"线性渐变"相同，如图 9-39 所示。

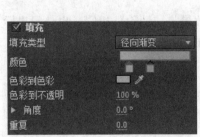

图 9-39　径向渐变

➢ 四色渐变：可以分别设置四个角的填充色，为每个字符应用四色渐变填充，如图 9-40 所示。

➢ 斜面：该填充类型可以分别为文字设置高光色和阴影色，并设置光照强度与角度，模拟出立体浮雕效果，如图 9-41 所示。

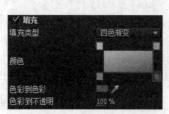

图 9-40　四色渐变

图 9-41　斜面填充

➢ 消除：该填充类型没有设置选项，消除文字内容的填充色，只显示设置的描边边框和边框的阴影，常与"描边"和"阴影"选项配合进行效果设置，如图 9-42 所示。

图 9-42　消除填充

➢ 重影：该填充类型没有设置选项，效果与"消除"相似，也是只显示设置的描边边框和原文字阴影，常与"描边"和"阴影"选项配合进行效果设置，如图 9-43 所示。

图 9-43　重影填充

- 光泽：勾选该选项，可以为字幕文本在当前填充效果上添加光泽效果，还可以配合渐变填充效果设置多色渐变效果，如图 9-44 所示。

图 9-44　光泽应用效果

- 纹理：勾选该选项，可以为字幕文本在当前填充效果上添加位图纹理效果。单击"纹理"选项后面的预览框■，在弹出的"选择纹理图像"对话框中选择需要作为填充纹理的位图并单击"打开"按钮，即可将其应用为所选字幕文本的填充纹理，然后通过下面的选项参数，对应用的纹理效果进行缩放、对齐、混合效果等设置，如图 9-45 所示。

图 9-45　纹理应用效果

4. 描边

用于对文本对象的轮廓边缘描边，包括内描边和外描边两种方式，可以根据需要为文本添加多层描边效果。如果需要增加内描边或外描边，只需要单击对应选项后面的"添加"按钮，然后对出现的选项参数进行设置即可，如图 9-46 所示。

图 9-46　"描边"选项组

- 内描边/外描边：勾选对应的选项，可以为字幕文本应用对应的描边效果。单击后面的"添加"按钮，可以添加一层对应的轮廓描边。对于不再需要的轮廓描边，可以单击该描边后面对应的"删除"按钮进行删除。
- 类型：在该下拉列表中选择文字轮廓的描边类型，包括"深度"、"边缘"和"凹进"3 种，以内描边为例，它们的应用效果如图 9-47 所示。
- 大小：用于设置描边轮廓线框的宽度。
- 填充类型：与"填充"选项组中的"填充类型"相同，可以在该下拉列表中为描边轮廓选择并设置实底、线性渐变、径向渐变、四色渐变等填色效果，如图9-48所示。

图9-47　深度、边缘和凹进描边效果

- 光泽：与"填充"选项组中的"光泽"相同，勾选该复选框后，可以为描边轮廓设置光泽填色效果，如图9-49所示。

图9-48　线性渐变的描边　　　　　　　　图9-49　描边的光泽效果

- 纹理：与"填充"选项组中的"纹理"相同，勾选该复选框后，可以为描边轮廓设置纹理填充效果。

5. 阴影

可以为字幕文本设置阴影效果。勾选"阴影"复选框后，即可对阴影的颜色、不透明度、投射角度、投射距离、大小、扩展范围大小等进行设置，如图9-50所示。

图9-50　设置阴影效果

6. 背景

可以为字幕文本设置背景填充效果。勾选"背景"复选框后，即可对背景的填充类型、填充色、光泽等进行设置。勾选"纹理"复选框后，还可以将外部素材文件导入作为字幕的背景图像，如图9-51所示。

图 9-51　设置背景效果

9.2.5　字幕样式面板

字幕样式是编辑好了字体、填充色、描边以及投影等效果的预设样式，存放在字幕设计器窗口下方的字幕样式面板中，可以直接选择应用或通过菜单命令应用一个样式中的部分内容，还可以自定义新的字幕样式或导入外部样式文件。

1. 应用字幕样式

选择字幕文本后，在字幕样式面板中单击需要的字幕样式，即可应用该字幕样式，快速完成对字幕文本的效果编辑，如图 9-52 所示。

图 9-52　应用字幕样式

2. 创建自定义字幕样式

Premiere Pro CC 还允许用户将自行编辑好的字幕文本效果创建为新的字幕样式，保存在字幕样式面板中，方便以后快速选择应用。

编辑好字幕文本的效果后，单击字幕样式面板右上角的 ▣ 按钮，或在字幕样式面板中的空白处单击鼠标右键，在弹出的命令选单中选择"新建样式"命令，然后在弹出的"新建样式"对话框中为新建的字幕样式命名，单击"确定"按钮，即可在字幕样式面板中将当前选择字幕文本的属性与效果设置创建为新的样式，如图 9-53 所示。

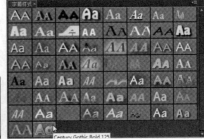

图 9-53　创建自定义字幕样式

3. 字幕样式的管理

单击字幕样式面板右上角的 ≡ 按钮，可以在弹出的命令选单中选择对应的命令，对字幕样式面板中的样式进行复制、删除、重命名、追加、重置等管理，如图 9-54 所示。

图 9-54　字幕样式面板扩展命令

- 复制样式：对当前选择的样式进行复制，在样式列表的末尾复制出一个相同效果设置的副本。
- 删除样式：对于不再需要的字幕样式，可以在选择后执行该命令，在弹出的对话框中单击"确定"按钮，即可将其从字幕样式面板中删除，如图 9-55 所示。
- 重命名样式：默认情况下，字幕样式的名称以其应用的字体名称和字号大小来命名。选择一个字幕样式后执行该命令，在弹出的"重命名样式"对话框中为该样式输入新的名称，然后单击"确定"按钮，即可完成对该样式的重命名，如图 9-56 所示。

图 9-55　删除所选样式

图 9-56　重命名样式

- 重置样式库：单击该命令，在弹出的对话框中单击"确定"按钮，可以将字幕样式面板中的字幕样式列表恢复为默认状态，新创建的字幕样式将不再出现，被删除的预设样式也将恢复。
- 追加样式库：单击该命令，在弹出的"打开样式库"对话框中选择外部字幕样式库文件（*.prsl），可以将外部样式库文件中的样式设置添加到当前字幕样式列表中。
- 保存样式库：在创建了多个自定义字幕样式后，单击该命令，可以将当前字幕样式列表中的所有样式，保存为一个字幕样式库文件，可以方便在以后的编辑工作中导入使用。
- 替换样式库：单击该命令，可以在打开的对话框中选择其他样式库文件，将其导入并替换掉字幕样式面板中当前的所有样式。

9.3　字幕的类型

在 Premiere Pro CC 中可以创建静态字幕、滚动字幕和游动字幕 3 种字幕类型。

9.3.1　静态字幕

静态字幕是默认的字幕类型，通常用于编辑影片的标题文字或提示文字。静态字幕没有动画效果，但是可以在加入到时间轴窗口中后，通过效果控件面板对其创建位置、缩放、不透明度等属性的关键帧动画效果，或添加视频过渡特效，编辑更丰富的字幕效果。静态字幕的应用效果如图 9-57 所示。

图 9-57　编辑静态字幕标题

9.3.2　滚动字幕

滚动字幕是指在画面的垂直方向从下往上运动的动画字幕，下面通过一个实例介绍滚动字幕的编辑方法与应用效果。

上机实战　滚动字幕：长城

1　新建一个项目文件后，在项目窗口中创建一个 DV NTSC 视频制式的合成序列。

2　按"Ctrl+I"快捷键，打开"导入"对话框，选择本书配套光盘中\Chapter 9\Media 目录下的"great wall (01).jpg"～"great wall (12).jpg"素材文件并导入，如图 9-58 所示。

图 9-58　导入素材

3 将导入的图像素材按文件名序号，依次加入到时间轴窗口的视频 1 轨道中，如图 9-59 所示。

图 9-59　加入素材剪辑

4 按"Shift+7"键打开效果面板，单击"视频过渡"文件夹前面的三角形按钮▶，将其展开。选择适合的视频过渡效果，添加到时间轴窗口中相邻的图像素材之间，并在效果控件面板中设置所有视频过渡效果的对齐方式为"中心切入"，编辑好所有图片的幻灯播放效果，如图 9-60 所示。

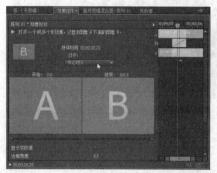

图 9-60　编辑视频过渡效果

5 单击"字幕→新建→默认滚动字幕"命令，在打开的"新建字幕"对话框中输入字幕名称，然后单击"确定"按钮，打开字幕设计器窗口，如图 9-61 所示。

6 字幕设计器窗口打开后，在字幕工具面板中选择"区域文字工具"，在字幕编辑窗口中绘制出一个文本输入框，如图 9-62 所示。

7 在字幕属性面板中设置输入文本的字体为微软雅黑，字号为 27，输入文本内容，如图 9-63 所示。

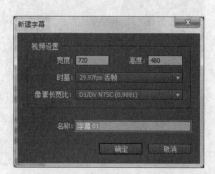
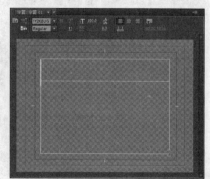

图 9-61　"新建字幕"对话框　　　　　　　图 9-62　绘制文本框

8 在字幕属性面板中的"填充"选项组中，设置"填充类型"为"线性渐变"，为字幕文本设置从黄色到红色的线性渐变色。单击"外描边"选项后面的"添加"按钮，为其设置大小为 20.0 的深红色描边色，如图 9-64 所示。

图 9-63 输入文字内容

图 9-64 设置文本填充与描边

9 在字幕工具面板中选择"矩形工具"，在字幕编辑窗口中绘制一个覆盖所有文字范围的矩形，然后在字幕属性面板中设置其填充色为 50%不透明度的浅蓝色到 50%不透明度的深蓝色的线性渐变，并取消描边边框，如图 9-65 所示。

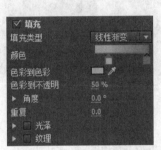

图 9-65 绘制矩形并设置填充色

10 新绘制的矩形位于字幕文本的上层，需要将其移到文本的下层作为背景色：在矩形上单击鼠标右键并选择"排列→移到最后"命令，将其移动到字幕文本的下层，如图 9-66 所示。

图 9-66 移动矩形到下层

11 单击"滚动/游动选项"按钮，在打开的"滚动/游动选项"对话框中，勾选"开始于屏幕外"和"结束于屏幕外"复选框，然后单击"确定"按钮，使编辑的字幕在影片开始时从画面底部向上滚动，在影片结束时滚动出画面顶部，如图 9-67 所示。

12 关闭字幕设计器窗口，回到项目窗口中，将编辑好的字幕素材加入到时间轴窗口的视频 2 轨道中，并延长其持续时间到与视频 1 轨道中的素材剪辑结束时间对齐，如图 9-68 所示。

图 9-67 设置滚动时间

图 9-68 加入字幕素材

13 编辑好影片效果后，按"Ctrl+S"键保存文件。按空格键预览编辑完成的影片效果，如图 9-69 所示。

图 9-69 预览影片效果

9.3.3 游动字幕

游动字幕是指在画面的水平方向从右向左或从右向左运动的动画字幕，下面实例介绍字幕的编辑方法与应用效果。

上机实战　游动字幕：大熊猫

1 新建一个项目文件后，在项目窗口中创建一个 DV NTSC 视频制式的合成序列。

2 按"Ctrl+I"快捷键，打开"导入"对话框，选择本书配套光盘中\Chapter 9\Media 目录下的"pand (01).jpg"～"panda (15).jpg"素材文件并导入，如图 9-70 所示。

图 9-70 导入素材

3 将导入的图像素材按文件名序号，依次加入到时间轴窗口的视频 1 轨道中，如图 9-71 所示。

图 9-71 加入素材剪辑

4 按"Shift+7"键打开效果面板，单击"视频过渡"文件夹前面的三角形按钮，将其展开。选择适合的视频过渡效果，添加到时间轴窗口中相邻的图像素材之间，并在效果控件面板中设置所有视频过渡效果的对齐方式为"中心切入"，编辑好所有图片的幻灯播放效果，如图 9-72 所示。

图 9-72 编辑视频过渡效果

5 执行"字幕→新建→默认游动字幕"命令，在打开的"新建字幕"对话框中输入字幕名称，然后单击"确定"按钮，打开字幕设计器窗口；选择"文字工具"，设置字体为微软雅黑，字号为 35，在字幕编辑窗口中字幕安全框的左下角单击输入光标位置，输入文字内容，如图 9-73 所示。

6 在字幕属性面板中的"填充"选项组中，设置"填充类型"为"线性渐变"，为字幕文本设置从绿色到黄色的线性渐变色；单击"外描边"选项后面的"添加"按钮，为其设置类型为"深度"，大小为 40.0，角度为 45°的蓝色描边色，如图 9-74 所示。

图 9-73 输入文字　　　　　　　　　图 9-74 设置字幕填充色

7 单击"滚动/游动选项" ▤ 按钮，在打开的"滚动/游动选项"对话框中，勾选"开始于屏幕外"和"结束于屏幕外"复选框，设置"缓入"、"缓出"的时间为 15 帧，然后单击"确定"按钮，使编辑的字幕在影片开始后，从第 15 帧开始从画面右边向左游动进入，在影片结束前 15 帧向左游动出画面左边，如图 9-75 所示。

8 关闭字幕设计器窗口，回到项目窗口中，将编辑好的字幕素材加入到时间轴窗口的视频 3 轨道中，并延长其持续时间到与视频 1 轨道中的素材剪辑结束时间对齐，如图 9-76 所示。

图 9-75　设置游动的持续时间

图 9-76　加入字幕素材

9 单击项目面板下面的"新建项"按钮，在弹出的命令选单中选择"颜色遮罩"命令，在弹出的"新建颜色遮罩"对话框中单击"确定"按钮，在打开的"拾色器"窗口中设置新建颜色遮罩的色彩为浅蓝色，如图 9-77 所示。

图 9-77　新建并设置颜色遮罩

10 单击"确定"按钮并在弹出的对话框中为新建颜色遮罩命名后，单击"确定"按钮，然后将项目面板中新增的颜色遮罩素材加入到时间轴窗口的视频 2 轨道中，并延长其持续时间到与视频 1 轨道中的素材剪辑结束时间对齐，如图 9-78 所示。

图 9-78　加入颜色遮罩素材

11 打开效果控件面板，取消"运动"选项组中对"等比缩放"选项的勾选，设置"缩放高度"为10.0%，将其移动到画面中字幕文本的下层对应位置。为其创建从开始到第15帧，"不透明度"选项从0~40.0%的关键帧动画，作为字幕文字的背衬色条，使字幕的显示可以更清晰，如图9-79所示。

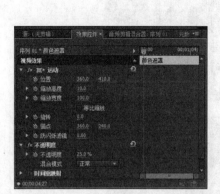

图9-79 编辑颜色遮罩的显示

12 编辑好影片效果后，按"Ctrl+S"键保存文件。按空格键预览编辑完成的影片效果，如图9-80所示。

图9-80 预览影片效果

9.4 习题

1. 填空题

（1）单击项目窗口下方的＿＿＿＿＿＿＿＿按钮，在弹出的命令选单中选择＿＿＿＿＿＿命令，即可打开"新建字幕"对话框，创建需要的字幕文件。

（2）在字幕设计器窗口中选择＿＿＿＿＿＿＿＿＿＿工具后，将鼠标移动到字幕编辑窗口中并单击鼠标左键，即可在出现的矩形框中输入垂直方向的文字。

（3）在字幕设计器窗口中选择＿＿＿＿＿＿＿＿＿＿工具，可以在字幕编辑窗口中绘制的曲线路径上单击并输入跟随路径曲线方向的文字。

（4）在字幕设计器窗口的属性面板中，可以为文字选择七种填充类型，分别为：实底、线性渐变、＿＿＿＿＿＿＿＿＿、＿＿＿＿＿＿＿＿＿、斜面、消除和＿＿＿＿＿＿＿。

（5）在字幕设计器窗口中，如果要将外部图像素材文件导入作为字幕的背景图像，需要在属性面板的"背景"选项中勾选＿＿＿＿＿＿复选框，然后单击后面的缩览图框来导入外部图像文件。

2. 上机实训

在新建的字幕文件中，编辑如图 9-81 所示的文字填充效果，并为其编辑从画面下方逐渐上升，逐渐移出画面上方的滚动动画效果。

图 9-81　字幕编辑效果

第 10 章 影片的输出设置

教学目标

➢ 熟悉在"导出设置"对话框中的各设置选项的功能和操作使用方法
➢ 掌握输出单帧画面为图像文件，以及单独输出影片项目中的音频内容的方法

10.1 影片的输出类型

在实战中当视频、音频素材编辑后，就可以对编辑好的项目
进行输出，将其发布为最终作品。Premiere Pro CC 提供了多种输
出设置，可以输出不同的文件类型。在"文件→导出"命令菜单
中选择对应的命令，即可将影片项目输出为指定的文件内容，如
图 10-1 所示。

图 10-1 "导出"命令子菜单

10.2 影片的导出设置

在实际编辑工作中，将编辑完成的影片项目输出为视频影片文件是最基本的导出方式。
打开本书配套光盘中\Chapter 10 目录下的"大熊猫.prproj"项目文件，下面将以该项目文件
为例，详细介绍 Premiere Pro CC 中的影片导出设置。

10.2.1 导出设置选项

在项目窗口中选择要导出的合成序列，然后执行"文件→导出→媒体"命令，打开"导
出设置"对话框，如图 10-2 所示。

"导出设置"中的选项用于确定影片项目的导出格式、导出路径、导出文件名称等。

- 与序列设置匹配：勾选该复选框，则需要使用与合成序列相同的视频属性进行
  导出。
- 格式：在该下拉列表中选择导出生成的文件格式，可以选择视频、音频或图像等格式；
  选择不同的导出文件格式，下面也将显示对应的设置选项。
- 预设：在该下拉列表中选择导出文件格式对应的预设制式类型。
- 注释：用于输入附加到导出文件中的文件信息注释，不会影响导出文件的内容。
- 输出名称：单击该选项后面的文字按钮，在弹出的"另存为"对话框中可以为将要导
  出生成的文件指定保存目录和输入需要的文件名称。
- 导出视频/音频：勾选对应的选项，可以在导出生成的文件中包含对应的内容。对于
  视频影片，默认为全部选中。
- 摘要：显示目前设置的选项信息以及将要导出生成的文件格式、内容属性等信息。

图 10-2 "导出设置"对话框

10.2.2 视频设置选项

"视频"选项卡中的设置选项用于对导出文件的图像视频属性进行设置，包括视频解码器、影像质量、影像画面尺寸、视频帧速率、场序、像素长宽比等。选中不同的导出文件格式，其设置选项也不同，可以根据实际需要进行设置，或保持默认的选项设置执行输出，如图 10-3 所示。

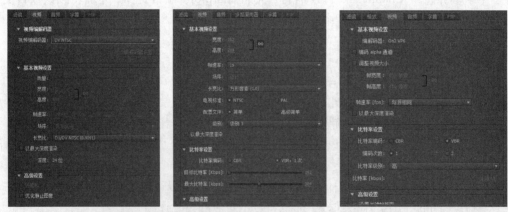

图 10-3 选择 AVI、MPEG4 和 FLV 格式时的视频设置选项

10.2.3 音频设置选项

"音频"选项卡中的设置选项用于对导出文件的音频属性进行设置，包括音频解码器类型、采样率、声道格式等，如图 10-4 所示。采用比源音频素材更高的品质进行输出，并不会提升音频的播放音质，反而会增加文件大小，在实际工作中应根据实际需要进行设置，或保持默认的选项设置执行输出。

图 10-4　选择 AVI、MPEG4 和 FLV 格式时的音频设置选项

10.2.4　滤镜设置选项

"滤镜"选项卡是在选择导出格式为图像、视频类文件时才有的选项，勾选其中的"高斯模糊"复选框，可以为输出影像应用高斯模糊滤镜。可以在"模糊度"参数中设置模糊的程度，在"模糊尺寸"下拉列表中选择需要的模糊方向进行应用，如图 10-5 所示。

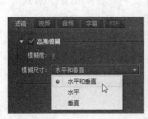

图 10-5　应用高斯模糊滤镜

10.2.5　其他设置选项

"导出设置"对话框中的其他选项的用途分别如下。

- 源缩放：在选择的导出格式与合成序列的视频属性不一致时，就会因输出文件画面比例不匹配而在画面两侧或上下出现黑边的问题，可以在此选项的下拉列表中选择对应的选项调整画面比例或选择对出现的黑边的处理方式，如图 10-6 所示。
- 源范围：在该下拉列表中选择合成序列中要输出目标格式文件的时间范围，如图 10-7 所示。选择"自定义"选项时，可以通过调整视频预览窗口下方时间标尺头尾的标记来设置入点与出点，确定合成序列中需要单独输出的部分内容。

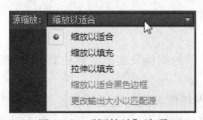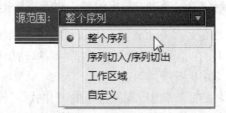

图 10-6　"源缩放"选项　　　　　　　　图 10-7　"源范围"选项

- 使用最高渲染质量：勾选该复选框，在时间标尺上拖动时间指针进行预览时，将使用最高渲染质量渲染序列影像。

- 使用预览：在设置将合成序列导出为序列图像时，勾选该复选框，可以启用对输出后序列图像的效果预览。
- 使用帧混合：勾选该复选框，可以启用输出影像画面的帧融合效果。
- 导入到项目中：勾选该复选框，可以在完成影片导出后，将导出生成的文件自动导入到项目窗口中。

10.3 输出单独的帧画面图像

在实际编辑工作中，有时需要将项目中的某一帧画面输出为静态图片文件。例如，对影片项目中制作的视频特效画面进行取样，或将某一画面单独作为素材进行使用等。此时，可以通过节目监视器窗口或"导出设置"对话框来完成。

上机实战　通过节目监视器窗口导出帧画面

1　在节目监视器窗口中，将时间指针定位到需要输出的帧画面，然后单击窗口下方工具栏中的"导出帧"按钮 █ ，如图 10-8 所示。

2　在弹出的"导出帧"对话框中，为要输出的图像文件设置好文件名称和保存格式，然后单击"浏览"按钮，在打开的对话框中为输出图像设置保存路径，单击"确定"按钮，即可将选定的帧画面输出为指定格式的图像文件，如图 10-9 所示。

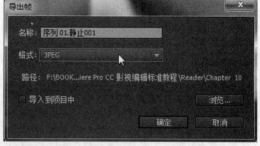

图 10-8　单击"导出帧"按钮　　　　图 10-9　"导出帧"对话框

上机实战　通过"导出设置"对话框输出单帧图像

1. 通过"导出设置"对话框输出单帧图像

1　在"导出设置"对话框中，移动预览窗口下面的时间标尺到需要单独输出的帧画面，如图 10-10 所示。

2　在"导出设置"选项的"格式"下拉列表中选择需要的图像文件格式，单击"输出名称"后面的文字按钮，在弹出的对话框中为输出生成的图像文件设置保存目录和文件名称，然后在"视频"选项卡中取消对"导出为序列"选项的勾选，如图 10-11 所示。

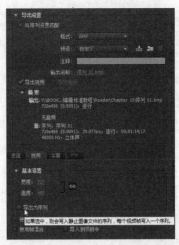

图 10-10 设置需要输出的帧画面　　　　图 10-11 取消勾选"导出为序列"

3 保持其他选项的默认状态，单击"导出"按钮，即可完成对所选帧画面单独输出成图像文件的操作。

10.4 单独输出音频内容

在需要单独将合成序列中的音频内容输出成音频文件时，首先在"源范围"中选择并设置输出的时间范围，在"格式"下拉列表中选择音频文件格式后，为输出生成的音频文件设置好保存目录和文件名称，然后在下面的"音频"选项卡中设置音频属性选项，单击"导出"按钮，即可将合成序列中的音频内容单独输出，如图 10-12 所示。

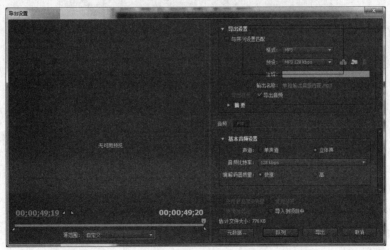

图 10-12 音频输出设置

10.5 习题

1. 填空题

(1) 在"导出设置"对话框中，所选择的导出格式与合成序列的视频属性不一致时，会在画面两侧或上下出现黑边的问题，可以在＿＿＿＿＿＿下拉列表中选择对应的选项来进行画面比例的调整或选择对出现的黑边的处理方式。

（2）在"导出设置"对话框的"源范围"下拉列表中选择＿＿＿＿＿＿选项后，可以通过调整视频预览窗口下方时间标尺头尾的标记来设置入点与出点，确定合成序列中间需要单独输出的部分内容。

（3）在"导出设置"对话框设置导出格式为视频文件类型后，取消对＿＿＿＿＿＿＿＿选项的勾选，可以使导出生成的影片文件只有画面，没有声音。

2. 上机实训

将本书配套光盘中\Chapter 10 目录下的"大熊猫.prproj"项目文件以 FLV 视频格式输出，修改输出视频的大小为 320×240 像素，并对更改视频大小后出现的画面黑边进行缩放填充处理，最后输出 FLV 影片，如图 10-13 所示。

图 10-13　输出的 FLV 格式影片

第 11 章 商业宣传片头——花卉博览会

Premiere Pro CC 以其专业的非线性影视项目编辑功能，在各类商业影视项目中广泛应用，常见的有影片剪辑特效合成、电视广告的后期处理合成、片头动画的设计制作等。商业影视项目的编辑，更注重对主题的有力表现。除非特殊的表现需要，通常不会使用大量的视频特效，以免造成视觉的混乱，削弱对主体的表现力度。

实例欣赏

本实例是为花卉博览会制作的宣传片头，用于在电视专栏、展览大厅、外墙显示屏等媒体播放。先打开本书配套光盘中\Chapter 11\Export 目录下的"花卉博览会.flv"，欣赏本实例的完成效果，如图 11-1 所示。

图 11-1　欣赏影片完成效果

实例分析

（1）此类商业展览活动的宣传片要求简洁、直观，在将主题信息表现出来的同时，也需要将其他必要的信息准确地表现出来。本实例即是通过高清花卉图片的切换播放来配合主题，然后通过添加标题文本来说明相关的信息。

（2）Premiere Pro CC 不具备专业的图像效果编辑处理功能，常常需要配合专业的图像处理程序制作相关的素材文件。本实例中画面上的主题文字等都预先在 Photoshop 中制作完成，以得到更美观的视觉效果，如图 11-2 所示。

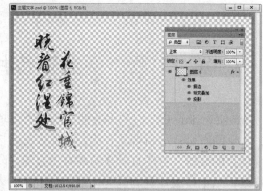

图 11-2　在 Photoshop 中预先处理标题文字效果

 具体操作

1 启动 Premiere Pro CC，新建一个项目并命名为"花卉博览会"，将其保存到指定的文件目录。

2 单击"编辑→首选项→常规"命令，打开"首选项"对话框，将"静止图像默认持续时间"修改为 100 帧，使图像素材在加入序列中时的默认持续时间为 4 秒，如图 11-3 所示。

> **TIPS▶** 在影片项目的编辑过程中，在修改静止图像默认持续时间之前导入的图像素材，将继续使用默认的持续时间（5 秒）；修改静止图像默认持续时间之后导入的图像素材才能应用新的默认持续时间。

3 按"Ctrl+N"快捷键，打开"新建序列"对话框并展开"设置"选项卡，在"编辑模式"下拉列表中选择"自定义"选项，然后设置时基为 25 帧/秒，视频帧大小为 720×480，场序类型为"无场"，单击"确定"按钮，如图 11-4 所示。

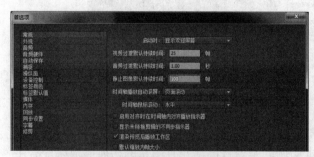

图 11-3　设置静止图像默认持续时间

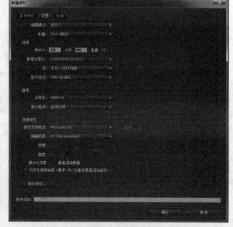

图 11-4　新建序列

4 按"Ctrl+I"快捷键，导入本书配套光盘中\Chapter 11\Media 目录下的所有素材文件。在弹出的"导入分层文件"对话框中，选择以"合并所有图层"方式导入该目录中的 PSD 图像文件，如图 11-5 所示。

5 在项目窗口中将"1.jpg"~"12.jpg"选择并拖入到时间轴窗口的视频 1 轨道中,并延长"12.jpg"的持续时间到 50 秒的位置结束,如图 11-6 所示。

图 11-5 导入素材   图 11-6 加入素材剪辑

6 放大时间轴窗口中时间标尺的显示比例,在效果面板中展开"视频过渡"文件夹,选择合适的视频过渡效果,添加到时间轴窗口中素材剪辑之间的相邻位置,并在效果控件面板中将所有视频过渡效果的对齐方式设置为"中心切入",如图 11-7 所示。

图 11-7 添加并设置视频过渡效果

7 将项目窗口中的"标题栏.psd"加入到时间轴窗口的视频 2 轨道中,并延长其持续时间到与视频 1 轨道中的出点对齐,如图 11-8 所示。

图 11-8 加入素材并调整持续时间

8 将"主题文字.psd"加入时间轴窗口的视频 3 轨道中的末尾,使其出点与下面两个视频轨道中的出点对齐,如图 11-9 所示。

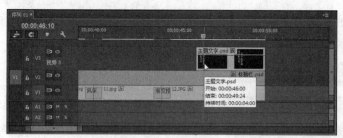

图 11-9　加入素材

9　在"主题文字.psd"剪辑的开始位置添加"擦除→渐变擦除"过渡效果，在弹出的"渐变擦除设置"对话框中，设置"柔和度"选项为 5 并单击"确定"按钮，得到主题文字从左上向右下逐渐显示出来的动画效果，如图 11-10 所示。

图 11-10　添加渐变擦除过渡效果

10　单击项目窗口下方的"新建项" 按钮并选择"字幕"命令，在打开的"新建字幕"对话框中单击"确定"按钮，打开字幕设计器窗口；设置字体为微软雅黑，字号为 25，按下"显示背景视频"按钮 ，参考结束画面中的图像布局，在画面的右下方输入活动的举行时间为"2014 年 10 月"，然后为其设置从浅蓝到深蓝的线性渐变填充，如图 11-11 所示。

图 11-11　输入文字信息

11　关闭字幕设计器窗口，将新建的字幕文件从项目窗口中拖入时间轴窗口，将其在自动添加的视频 4 轨道中设置入点在第 47 秒开始，出点对齐到其他轨道中剪辑的结束位置。

12　在效果面板中选择"视频过渡→溶解→交叉溶解"效果，将其添加到时间轴窗口中字幕剪辑的开始位置，得到字幕文字淡入显示的动画效果，如图 11-12 所示。

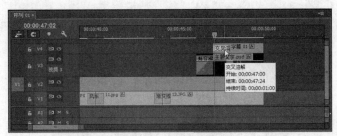

图 11-12　添加视频过渡效果

13　将项目窗口中的"bgmusic.mp3"拖入到时间轴窗口的音频 1 轨道，并修剪其结束位置到与视频轨道中的出点对齐，如图 11-13 所示。

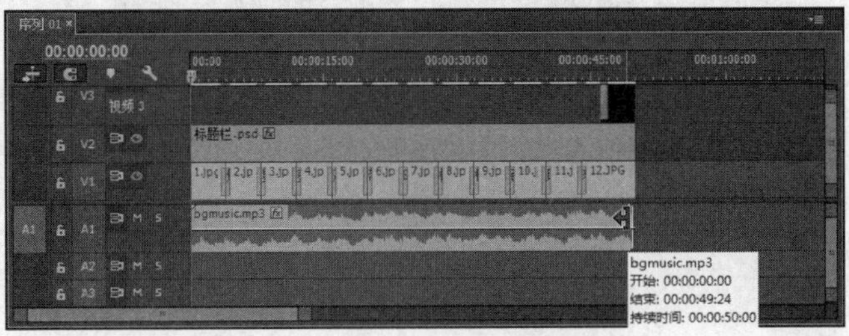

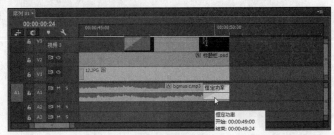

图 11-13　修剪音频剪辑持续时间

14　打开效果面板，在音频剪辑的结束位置添加"交叉淡化→恒定增益"音频过渡效果，得到背景音乐在结束时逐渐淡出的效果，如图 11-14 所示

图 11-14　为音频剪辑添加过渡效果

15　按"Ctrl+S"键保存文件，单击"文件→导出→媒体"命令或按"Ctrl+M"快捷键，打开"导出设置"对话框。在"格式"下拉列表中选择 FLV。单击"输出名称"后面的文字按钮，在弹出的对话框中为输出影片设置保存目录和文件名称；保持其他选项的默认设置，单击"导出"按钮，开始执行影片输出，如图 11-15 所示。

图 11-15　输出影片

16 影片输出完成后，使用视频播放器播放影片的完成效果，如图 11-16 所示。

图 11-16　影片完成效果

第 12 章　语文古诗课件——赋得古原草送别

随着多媒体技术在现代化教育中的逐步普及，影视多媒体课件也应用到了课堂教学中。Premiere Pro CC 以其完善的媒体支持能力和简便高效的影片编辑方式，在教学课件的编辑制作中被广泛应用。

实例欣赏

本实例是为小学语文中的一篇古诗制作的教学课件，主要包括配合诗句含义的图像展示、语音朗读、诗句释义等内容的展示。打开本书配套光盘中\Chapter 12\Export 目录下的"古诗课件.flv"，欣赏本实例的完成效果，如图 12-1 所示。

图 12-1　欣赏影片完成效果

实例分析

（1）创建多个序列来分别编排不同的影片内容，然后在主序列中进行集合处理，既可以使编辑操作清晰快捷，又可以重复利用编辑好的动画序列。

（2）本实例中要实现在语音朗读诗句的同时，画面中对应的诗句与语音同步进行突出显示，先在 Photoshop 中进行了效果处理，并以序列合成的方式进行导入。另外，语音朗读的内容也在专业的音频编辑软件 Adobe Audition 中录制并编辑完成，如图 12-2 所示。

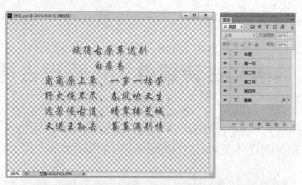

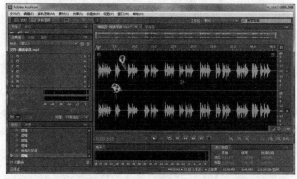

图 12-2　在其他软件中预先处理需要的媒体素材

具体操作 ⟱

1　启动 Premiere Pro CC，新建一个项目并命名为"古诗课件"，将其保存到指定的文件目录。

2　按"Ctrl+N"键，打开"新建序列"对话框，设置序列名称为"背景图片"。然后展开"设置"选项卡，在"编辑模式"下拉列表中选择"自定义"选项，设置时基为 25 帧/秒，视频帧大小为 720×480，场序类型为"无场"，单击"确定"按钮，如图 12-3 所示。

3　按"Ctrl+I"键，导入本书配套光盘中\Chapter 12\Media 目录下的所有素材文件；在弹出的"导入分层文件"对话框中，选择以"序列"方式导入该目录中的 PSD 图像文件，如图 12-4 所示。

图 12-3　新建序列

图 12-4　导入 PSD 图像文件

4　来编辑可以有循环播放效果的动画图像背景。将导入的"00.jpg"~"06.jpg"依次选择并拖入时间轴窗口中，然后再加入一次"00.jpg"到视频轨道的末尾，如图 12-5 所示。

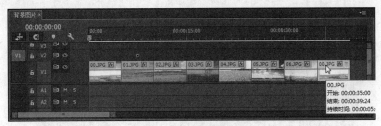

图 12-5　编排图像剪辑

默认情况下导入的静态图像素材在加入到序列中的持续时间为 5 秒；如果在之前的项目编辑中对"首选项"对话框中的"静止图像默认持续时间"参数值进行过修改，则需要在执行导入素材操作前，先将其恢复到初始的默认值。

5　将时间指针定位在 3 秒的位置，在工具面板中选择"波纹编辑工具"，将第一个素材剪辑的出点调整到与时间指针对齐，后面的剪辑将同时向前移动；然后将最后一个素材剪辑的出点向前修剪 3 秒，得到总长度为 35 秒的序列，如图 12-6 所示。

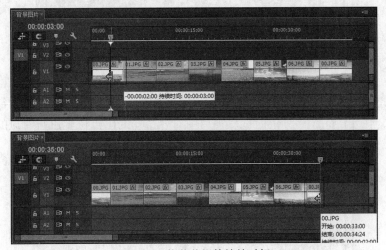

图 12-6　修剪剪辑的持续时间

6　放大时间轴窗口中时间标尺的显示比例，在效果面板中展开"视频过渡"文件夹，选择合适的视频过渡效果，添加到时间轴窗口中素材剪辑之间的相邻位置，并在效果控件面板中将所有视频过渡效果的对齐方式设置为"中心切入"，如图 12-7 所示。

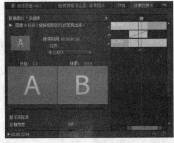

图 12-7　添加并设置视频过渡效果

7 在项目窗口中展开"诗句"素材箱，双击其中的"诗句"序列，打开其时间轴窗口，将其中所有剪辑的持续时间延长到 50 秒，如图 12-8 所示。

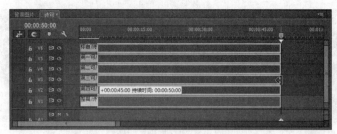

图 12-8　延长序列的持续时间

8 双击项目窗口中的音频素材"朗读录音.mp3"，在源监视器窗口中将其打开，单击空格键进行播放预览，记录下标题和每句诗句开始和结束的时间区间，如图 12-9 所示。

图 12-9　预览朗读录音

9 将"朗读录音.mp3"音频素材加入到序列的音频轨道中，参考标题和每句诗句念完后的时间位置，在"诗句"序列的时间轴窗口中对各诗句的出点位置进行对应的调整，如图 12-10 所示。

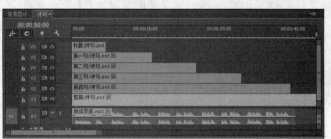

图 12-10　调整剪辑的持续时间

10 在"标题/诗句"剪辑的结束位置添加"擦除→划出"过渡效果，在效果控件面板中单击过渡预览框上方中间的按钮，设置划出动画的方向为从上到下，然后将过渡效果的开始时间提前到与语音朗读标题时对应的位置，如图 12-11 所示。

11 使用同样的方法，为下面 4 个视频轨道中的诗句图像剪辑的结束位置添加"划出"过渡效果，保持动画方向为默认的从左到右，并参照其在朗读录音中的起始和结束位置设置过渡效果的持续时间，完成效果如图 12-12 所示。

12 按"Ctrl+N"键打开"新建序列"对话框，设置序列名称为"完整"。然后展开"设置"选项卡，在"编辑模式"下拉列表中选择"自定义"选项，设置时基为 25 帧/秒，视频帧大小为 720×480，场序类型为"无场"，单击"确定"按钮。

图 12-11　添加并设置视频过渡效果

图 12-12　添加并设置视频过渡效果

13　将"背景图片"序列加入 3 次到新打开的时间轴窗口中并依此相邻排列，如图 12-13 所示。

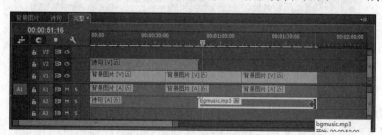

图 12-13　加入"背景图片"序列

14　将"诗句"序列加入到时间轴窗口的视频 2 轨道中，然后将"bgmusic.mp3"加入到音频 2 轨道的后面，并修剪其出点到与视频轨道中的出点对齐，如图 12-14 所示。

图 12-14　加入序列和素材

15　单击项目窗口下方的"新建项"按钮并选择"字幕"命令，在打开的"新建字幕"对话框中单击"确定"按钮，打开字幕设计器窗口，设置字体为微软雅黑，输入如图 12-15 所示的注词释义文字，为其设置红色到深红的填充色和阴影后，绘制一个不透明度为 40%的绿色矩形作为其背景。

图 12-15　编辑注词释义文字

16　单击字幕设计器窗口中的"基于当前字幕新建字幕"按钮，新建字幕"古诗译义"，以现有文字属性设置为基础，修改文本内容为古诗译义的内容，完成效果如图 12-16 所示。

图 12-16　编辑古诗释义文字

17　将编辑好的字幕文件"注词释义"和"古诗译义"加入时间轴窗口中视频 2 轨道的末尾，并延长它们的持续时间到如图 12-17 所示的状态。

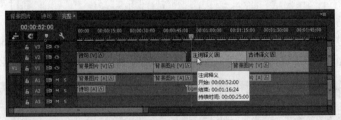

图 12-17　加入字幕文件

18　分别为两个字幕剪辑在开始位置加入"溶解→交叉溶解"过渡效果，并在效果控件面板中设置过渡效果的持续时间为 2 秒，如图 12-18 所示。

19　按"Ctrl+S"键保存文件。按空格键对编辑好的影片项目进行预览，对于发现的问题进行及时的调整。

20　单击"文件→导出→媒体"命令或按"Ctrl+M"键，打开"导出设置"对话框。在"格式"下拉列表中选择 FLV；单击"输出名称"后面的文字按钮，在弹出的对话框中为输出影片设置保存目录和文件名称；保持其他选项的默认设置，单击"导出"按钮，开始执行影片输出，如图 12-19 所示。

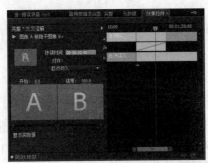

图 12-18　添加并设置过渡效果

图 12-19　输出影片

21　影片输出完成后，使用视频播放器播放影片的完成效果，如图 12-20 所示。

图 12-20　影片完成效果

第13章 电视栏目片头——书法课堂

电视内容的编辑制作也是 Premiere Pro CC 的主要应用领域。电视栏目片头的制作通常需要根据栏目内容的特点来设计影像动画效果。只要恰当地利用创意表现，贴合栏目的主题与特色，并不需要运用复杂的特效，便可以制作出优秀的片头作品。

实例欣赏

本实例是为某电视栏目制作的片头，主要包括配合诗句含义的图像展示、语音朗读、诗句释义等内容的展示。打开本书配套光盘中\Chapter 13\Export 目录下的"书法课堂.flv"，欣赏本实例的完成效果，如图 13-1 所示。

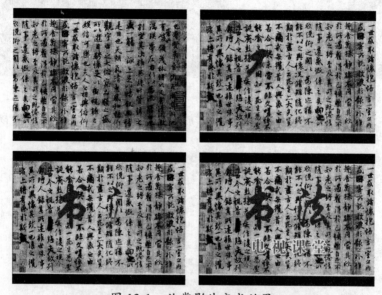

图 13-1 欣赏影片完成效果

实例分析

（1）本实例主要利用"渐变擦除"过渡特效依据选择的图像进行渐变擦除的特点，通过 Photoshop 和 Premiere 两个软件的配合使用，制作出优美的书写动画效果。

（2）除了以书写动画来点明片头主题外，影片中的背景图像、背景音乐等元素也选择了贴合栏目内容风格特点的书法图像和传统乐器音乐，起到辅助配合作用。

具体操作

1 启动 Photoshop，创建一个大小为 720×480、背景为白色的文件，如图 13-2 所示。

2 使用"文字工具"在文件窗口中输入文字"书法",字体为"华文行楷",字号为 200 点,完成效果如图 13-3 所示。

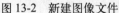

图 13-2 新建图像文件

图 13-3 输入文字

3 在"图层"面板中的文字图层上单击鼠标右键并选择"栅格化文字"命令,将文字处理为图像。

4 在工具栏中选择"多边形套索工具" ☑,在文字图层选择"书"字的第一段笔画,如图 13-4 所示。

5 单击"图层→新建→通过拷贝的图层"命令,或者直接按"Ctrl+J"键,将选区中的文字部分复制到新图层中,如图 13-5 所示。

图 13-4 选择笔画

图 13-5 创建新图层

6 使用"多边形套索工具"在"书法"字所在的图层中选择"书"字的第二段笔画,如图 13-6 所示。

7 按"Ctrl+J"键将选择区域内的文字笔画复制到新的图层中,如图 13-7 所示。

图 13-6 选择笔画

图 13-7 创建新图层

8 以同样的方法,将"书"字剩余的每一段笔画以一个单独的图层保存下来,完成效果如图 13-8 所示。

9 按住"Ctrl"键，同时用鼠标单击"书"字第一段笔画所在的图层，选择该层中的图像部分，如图 13-9 所示。

图 13-8　创建其余的笔画图层

图 13-9　选择第一笔画

10 单击工具栏中的"渐变工具"，然后单击属性栏中的渐变色编辑按钮，打开"渐变编辑器"对话框，设置渐变色为"R0、G0、B0"到"R40、G40、B40"的双色渐变，如图 13-10 所示。

图 13-10　"渐变编辑器"对话框

11 设置好渐变色后，按住鼠标左键在编辑窗口的选区内按笔画的书写方向拖动，为"书"字的第一段笔画制作渐变效果，如图 13-11 所示。

12 选择"书"字的第二段笔画图层并建立选区，然后在"渐变工具"属性栏中设置渐变色为"R40、G40、B40"到"R80、G80、B80"的双色渐变，按住鼠标左键在编辑窗口的选区内按笔画的书写方向拖动，为"书"字的第二段笔画制作渐变的效果，如图 13-12 所示。

图 13-11　填充渐变色

图 13-12　填充渐变色

13　用相同的方法，依次增加填充渐变的数值，为"书"字的每一段笔画制作出渐变效果，如图 13-13 所示。

14　选择根据"书"字创建的所有单独笔画层，单击"图层→合并图层"命令，完成后的效果如图 13-14 所示。

图 13-13　文字渐变效果　　　　　　　　　　图 13-14　合并图层

15　取消"书法"图层的显示，单击"文件→存储为"命令，将编辑好的文字图片以"渐变:书"命名，选择保存格式为 TGA，保存在电脑中指定的目录下。

16　使用同样的方法，将"法"字的每一笔画绘制为选择并创建图层，然后分别填充渐变效果，再保存为以"渐变:法"命名的 TGA 文件，如图 13-15 所示。

17　启动 Premiere Pro CC，新建一个项目文件后，按"Ctrl+N"键打开"新建序列"对话框，展开"设置"选项卡，在"编辑模式"下拉列表中选择"DV NTSC"选项，然后设置场序类型为"无场"，单击"确定"按钮，如图 13-16 所示。

图 13-15　新建序列

18　按"Ctrl+I"键打开"导入"对话框，选择本书配套光盘中\Chapter 13\Media 目录下的"背景.jpg"和"bgmusic.mp3"素材文件并导入，如图 13-17 所示。

图 13-16　编辑渐变文字图像　　　　　　　　图 13-17　导入素材文件

19 将导入的素材分别加入到时间轴窗口中的视频轨道和音频轨道中，并延长视频轨道中的素材剪辑的持续时间到与音频剪辑的出点对齐，如图 13-18 所示。

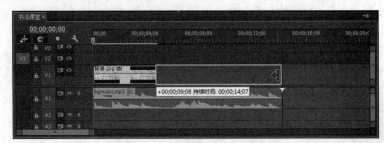

图 13-18　添加素材到时间轴窗口中

20 选择视频轨道中的素材剪辑，在效果控件面板中修改其"缩放"参数为 85%，然后为其创建从左向右逐渐移动并显现的关键帧动画，如图 13-19 所示。

		00:00:00:00	00:00:02:00	00:00:08:00
⏱	位置	35.0,240.0	—	685.0,240.0
⏱	不透明度	0.0%	100.0%	—

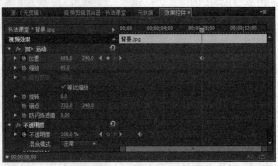

图 13-19　编辑关键帧动画

21 在"位置"选项中的第二个关键帧上单击鼠标右键并选择"临时插值→缓入"命令，使位移动画在接近该关键帧时逐渐减速至停止，如图 13-20 所示。

22 打开效果面板，选择"视频效果→颜色校正→色调"特效并添加到时间轴窗口中的背景图像剪辑上，在效果控件面板中为该效果创建从开始到第 5 秒，"着色量"参数从 100%～0%的关键帧动画，得到背景图像从黑白逐渐恢复色彩的动画效果，如图 13-21 所示。

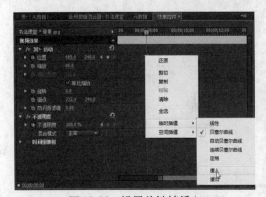

图 13-20　设置关键帧缓入

图 13-21　编辑效果关键帧动画

23　为背景图像剪辑添加"视频效果→颜色校正→均衡"效果，在效果控件面板中设置"均衡量"参数为 80.0%，使序列中的图像色彩更鲜明，提高色彩的饱和度，如图 13-22 所示。

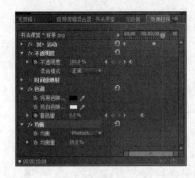

图 13-22　添加并设置"均衡"效果

24　在项目窗口中单击工具栏中的"新建项" 按钮，在弹出的菜单命令中选择"颜色遮罩"命令，新建一个与合成序列相同视频属性的颜色遮罩素材，并设置其填充色为红色（255，0，0），如图 13-23 所示。

图 13-23　新建颜色遮罩

25　设置好颜色后单击"确定"按钮，在弹出的"选择名称"对话框中保持默认的新建素材命名，单击"确定"按钮。

26　将项目窗口中的"颜色遮罩"素材拖入到时间轴窗口中的视频 2 轨道中，设置其入点在第 8 秒，出点在第 11 秒，如图 13-24 所示。

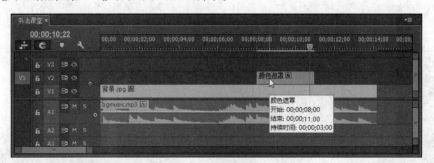

图 13-24　添加素材到时间轴窗口

27　打开效果面板，展开"视频过渡"文件夹，在"擦除"文件夹中找到"渐变擦除"特效并将其添加到序列中的颜色遮罩素材剪辑的开始位置。

28　在弹出的"渐变擦除设置"对话框中单击"选择图像"按钮，在打开的对话框中选择本书配套光盘中\Chapter 13\Media 目录下的"渐变:书.tga"素材文件，单击"打开"按钮将其导入，如图 13-25 所示。

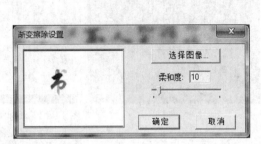

图 13-25　选择渐变图像

29　在"渐变擦除设置"对话框中保持其他选项的默认设置，单击"确定"按钮应用渐变设置。

30　在时间轴窗口中将"渐变擦除"过渡效果的持续时间延长到与素材剪辑的出点对齐，如图 13-26 所示。

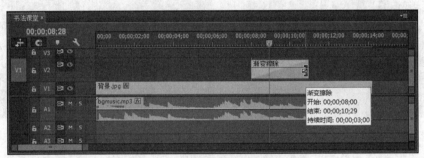

图 13-26　修改过渡特效的持续时间

31　将时间指针定位在"00;00;10;29"的位置，单击节目监视器窗口中的"导出帧"按钮，在弹出的"导出帧"对话框中设置导出格式为 PNG，单击"浏览"按钮，为导出图像指定保存路径后，勾选"导入到项目中"复选框，然后单击"确定"按钮，如图 13-27所示。

图 13-27　导入静止帧图像

32 将项目窗口中自动导入的静止帧图像添加到视频 2 轨道中的图像剪辑后面，并修剪其出点到与视频 1 轨道中的出点对齐，如图 13-28 所示。

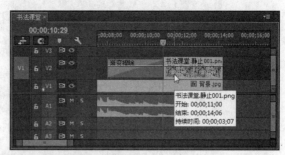

图 13-28 加入导出生成的静止帧图像

33 将颜色遮罩素材加入到视频 3 轨道中，设置其入点为"00;00;11;07"，出点与视频 1 轨道中的出点对齐，如图 13-29 所示.

图 13-29 加入颜色遮罩素材

34 为其应用"渐变擦除"过渡效果，在"渐变擦除设置"对话框中单击"选择图像"按钮，选择本书配套光盘中\Chapter 13\Media 目录下的"渐变:法.tga"素材文件并应用渐变，如图 13-30 所示。

图 13-30 设置渐变图像

35 在效果控件面板中，设置渐变擦除过渡效果的持续时间为 3 秒，使其与该剪辑的持续时间对齐，如图 13-31 所示。

36 单击项目窗口下方的"新建项" 按钮并选择"字幕"命令，在打开的"新建字幕"对话框中单击"确定"按钮，打开字幕设计器窗口，设置字体为方正小标宋，字号大小为 50，字符间距为 20，输入文字"电视课堂"；为其设置填充色为蓝色，大小为 40 的白色描边，以

及深蓝色的阴影，如图 13-32 所示。

图 13-31　设置过渡效果的持续时间

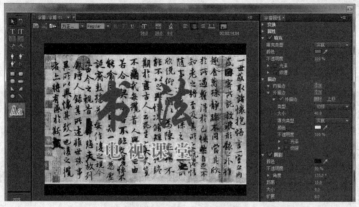

图 13-32　编辑副标题字幕

37　关闭字幕设计器窗口，将新创建的字幕素材加入到时间轴窗口中的视频 4 轨道中，并设置其持续时间与视频 3 轨道中的剪辑对齐，如图 13-33 所示。

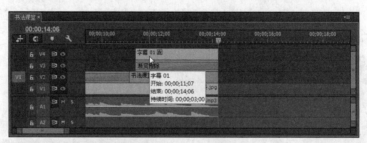

图 13-33　加入字幕素材

38　打开效果控件面板，为字幕剪辑编辑从入点到出点，"不透明度"从 0%～100%的关键帧动画，如图 13-34 所示。

图 13-34　编辑"不透明度"关键帧动画

39 按 "Ctrl+S" 键执行文件。按 "Ctrl+M" 键打开 "导出设置" 对话框。在 "格式" 下拉列表中选择 FLV；单击 "输出名称" 后面的文字按钮，在弹出的对话框中为输出影片设置保存目录和文件名称；保持其他选项的默认设置，单击 "导出" 按钮，开始执行影片输出，如图 13-35 所示。

图 13-35　输出影片

40 影片输出完成后，使用视频播放器播放影片的完成效果，如图 13-36 所示。

图 13-36　影片完成效果

第 14 章　纪录片片头——南极动物

在影视项目的编辑制作中，要学会利用 Premiere Procc 的功能特点进行创意表现，只要恰当利用，常常只需要使用一些很简单的功能，或只使用一个特效，就可以轻松地制作出充满创意的设计作品。

实例欣赏 ⬇

本实例是为一部考察南极动物的科普纪录片制作的片头。打开本书配套光盘中\Chapter 14\Export 目录下的"南极动物.flv"，欣赏本实例的完成效果，如图 14-1 所示。

图 14-1　欣赏影片完成效果

实例分析 ⬇

本实例主要利用"边角定位"特效对多个视频剪辑进行不同方向的变形并创建关键帧动画，得到依次进行扭曲变形并构成立体空间的影片画面效果。

具体操作 ⬇

1　启动 Premiere Pro CC，新建一个项目文件后，按"Ctrl+N"键打开"新建序列"对话框，新建一个 DV NTSC 制式的合成序列，如图 14-2 所示。

2　按"Ctrl+I"键打开"导入"对话框，选择本书配套光盘中\Chapter 10\Media 目录下的"01~05.avi"和"地理.psd"素材文件并导入，如图 14-3 所示。

图 14-2　新建序列

图 14-3　导入素材文件

3　在弹出的"导入分层文件"对话框中,选择以"合并所有图层"的方式导入选择的 PSD 素材文件,如图 14-4 所示。

4　本实例准备了 5 个视频素材和一个字幕图像文件,需要安排 6 个视频轨道来编排这些素材。执行"序列→添加轨道"命令,在打开的"添加轨道"对话框中设置添加 3 个视频轨道,如图 14-5 所示。

图 14-4　设置 PSD 素材导入方式

图 14-5　添加视频轨道

5　将准备的视频素材依次加入到时间轴窗口中对应的视频轨道中,在弹出的"剪辑不匹配警告"对话框中单击"更改序列设置"按钮,将合成序列的视频属性修改为与视频素材一致,如图 14-6 所示。

图 14-6　更改序列设置

6　在将视频素材加入时间轴窗口中,设置视频 4 轨道中的素材剪辑为从第 2 秒开始,视频 3 轨道中的素材剪辑从第 4 秒开始,视频 2 轨道中的素材剪辑从第 6 秒开始,视频 1 轨道中的素材剪辑从第 8 秒开始,如图 14-7 所示。

7　在工具箱中选择"比率拉伸工具" ,将所有视频轨道中素材剪辑的持续时间调整

到 20 秒结束，如图 14-8 所示。

图 14-7　对齐素材剪辑的出点

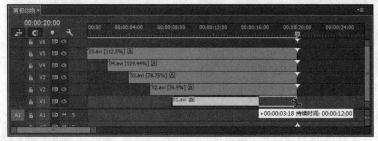

图 14-8　修剪素材剪辑的持续时间

    8　在本实例中将分别对上面四层中的视频素材剪辑进行单边的扭曲缩放，需要先分别对上层的 4 个视频素材的锚点位置进行调整：将视频 5 轨道中的素材剪辑的锚点位置调整到画面的左边缘，如图 14-9 所示。

图 14-9　修改素材剪辑的锚点位置

    9　用同样的方法，将视频 4 轨道中素材剪辑的锚点调整到画面的右边缘，如图 14-10 所示。

图 14-10　修改素材剪辑的锚点位置

10 将视频 3 轨道中素材剪辑的锚点调整到画面的上边缘，如图 14-11 所示。

图 14-11 修改素材剪辑的锚点位置

11 将视频 2 轨道中素材剪辑的锚点调整到画面的下边缘，如图 14-12 所示。

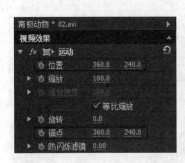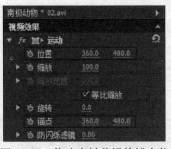

图 14-12 修改素材剪辑的锚点位置

12 在时间轴窗口中圈选上面四层视频轨道中的素材剪辑，然后打开效果面板，在"视频效果"文件夹中展开"扭曲"类特效，选择"边角定位"特效并添加到时间轴窗口中的视频素材剪辑上，如图 14-13 所示。

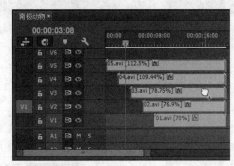

图 14-13 批量添加视频效果

13 选择视频 5 轨道中的素材剪辑，在效果控件面板中取消对"等比缩放"复选框的勾选，然后为其创建缩放和特效的关键帧动画，如图 14-14 所示。

14 选择视频 4 轨道中的素材剪辑，在效果控件面板中取消对"等比缩放"复选框的勾选，然后为其创建缩放和特效的关键帧动画，如图 14-15 所示。

15 选择视频 3 轨道中的素材剪辑，在效果控件面板中取消对"等比缩放"复选框的勾选，然后为其创建缩放和特效的关键帧动画，如图 14-16 所示。

		00:00:02:00	00:00:04:00
⏱	缩放宽度	100.0%	25.0%
⏱	右上	720.0,0.0	720.0,120.0
⏱	右下	720.0,480.0	720.0,360.0

图 14-14　编辑关键帧动画

		00:00:04:00	00:00:06:00
⏱	缩放宽度	100.0%	25.0%
⏱	左上	0.0,0.0	0.0,120.0
⏱	左下	0.0,480.0	0.0,360.0

图 14-15　编辑关键帧动画

		00:00:06:00	00:00:08:00
⏱	缩放高度	100.0%	25.0%
⏱	左下	0.0,488.0	205.0,488.0
⏱	右下	736.0,488.0	528.0,488.0

图 14-16　编辑关键帧动画

16 选择视频 2 轨道中的素材剪辑，在效果控件面板中取消对"等比缩放"复选框的勾选，然后为其创建缩放和特效的关键帧动画，如图 14-17 所示。

		00:00:08:00	00:00:10:00
⏱	缩放高度	100.0%	25.0%
⏱	左上	0.0,0.0	180.0,0.0
⏱	右上	720.0,00	540.0, 0.0

图 14-17 编辑关键帧动画

17 选择视频 1 轨道中的素材剪辑，在效果控件面板中为其创建从第 10 秒到第 12 秒，从 100%缩小到 50%的缩放动画，如图 14-18 所示。

图 14-18 编辑关键帧动画

18 从项目窗口中将导入的"标题.PSD"素材加入到时间轴窗口的视频 6 轨道中，并将其出点与其他视频轨道中的出点对齐，如图 14-19 所示。

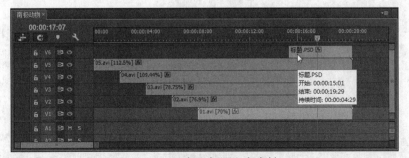

图 14-19 加入标题文字素材

19 打开效果控件面板中，为新加入的标题文字图形素材创建从第 15 秒到第 17 秒逐渐缩小、淡入画面的关键帧动画，如图 14-20 所示。

		00:00:15:00	00:00:17:00
⏱	缩放	150.0%	80.0%
⏱	不透明度	0.0%	100.0%

图 14-20　编辑关键帧动画

20　将项目窗口中的 "bgmusic.wav" 加入到音频轨道中，修剪其出点的位置到与视频轨道中的素材剪辑的出点对齐，如图 14-21 所示。

图 14-21　加入背景音乐

21　按 "Ctrl+S" 键保存文件按 "Ctrl+M" 键打开 "导出设置" 对话框，勾选 "与序列设置匹配" 复选框；单击 "输出名称" 后面的文字按钮，在弹出的对话框中为输出影片设置保存目录和文件名称；保持其他选项的默认设置，单击 "导出" 按钮，开始执行影片输出，如图 14-22 所示。

22　影片输出完成后，使用视频播放器播放影片的完成效果，如图 14-23 所示。

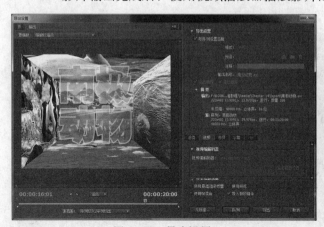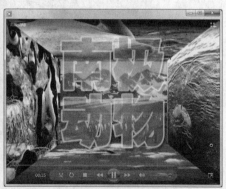

图 14-22　导出设置　　　　　　　　图 14-23　影片完成效果

习题参考答案

第1章

1. 填空题
(1) 帧速率 帧/秒
(2) 冒号 分号
(3) Ctrl ~
(4) 重置当前工作区

2. 选择题
(1) C (2) A

第2章

填空题
(1) 文件→新建→字幕 字幕→新建字幕
(2) 编辑→编辑原始
(3) 标签默认值

第3章

填空题
(1) 导入
(2) 字幕安全区 动作安全区
(3) 播放-停止切换 空格

第4章

填空题
(1) 合并的图层
(2) 比率伸缩
(3) 波纹编辑
(4) 滚动编辑
(5) 内滑工具

第5章

填空题
(1) 切换动画

(2) 显示视频关键帧
(3) 减慢

第6章

填空题
(1) 中心切入
(2) 显示实际源
(3) 类似在三维空间中运动
(4) 不同的形状
(5) 卷页动作

第7章

选择题
(1) B (2) B 3.C 4.D

第8章

选择题
(1) C (2) D (3) C 4.B

第9章

填空题
(1) 新建项 字幕
(2) 垂直文字
(3) 路径文字
(4) 径向渐变 四色渐变 重影
(5) 纹理

第10章

填空题
(1) 源缩放
(2) 自定义
(3) 导出音频